现代克莱因精神分析技术：临床实例分析

The modern Kleinian Approach to Psychoanalytic technique: Clinical Illustrations

Robert Waska

[美] 罗伯特·瓦斯卡 \ 著

汪珮琪 \ 译

李春波 \ 审校

重庆大学出版社

U0724814

前　言 ◀◀◀◀

梅兰妮·克莱因其在儿童与成人心理领域的开创性研究，不仅拓展了弗洛伊德的临床实践框架，更构建了影响全球精神分析的理论体系。她提出的核心概念——完全移情、投射性认同、反移情机制、精神避难所、容器/涵容功能、活现、偏执-分裂心位与抑郁心位、无意识幻想，以及基于焦虑与防御的诠释技术——已成为现代精神分析的基石。值得注意的是，克莱因的治疗范式已深度渗透到临床文献中，其客体关系理论和技术被众多实践流派吸收并发展，以至于这些原本具有革命性的发现，如今已成为学界普遍运用的基础工具。这种"无处不在的克莱因遗产"，恰恰印证了她对精神分析不可磨灭的贡献。

为了将克莱因的理论拓展到当下的临床环境，我拓宽了（Waska 2005，2006，2007）克莱因技术在临床实践中的应用范围，使其适用于所有患者和所有治疗场景。我将这种技术称为"分析性联结"。分析性联结的核心是治疗师/分析师引导患者探索其无意识幻想、移情模式、防御机制和内在世界的体验。无论治疗频率如何、是否使用沙发、治疗时长或终止方式如何，精神分析的目标总是相同的：对无意识幻想的理解，内心冲突的解决，以及内在和外在的自体/客体关系的整合。精神分析学家将诠释当成一个主要工具，而移情、反移情和投射性认同是诠释的三个路标。从克莱因的角度来看，大多数患者将投射性认同当成防御、沟通、依恋、学习、爱和攻击的心理基石。因此，投射性认同不断地塑造着移情和反移情。

通过诠释人际关系上的、相互作用的、内在心理的移情和幻想，无论是对神经质、边缘型、自恋症患者还是精神病患者，无论是以个体治疗、夫妻治疗，还是家庭治疗模式，也不管以什么样的频率或持续多长时间，都可以使用克莱因治疗方法。

克莱因的分析性联结方法致力于阐明患者的无意识客体关系世界，逐渐为患者提供一种理解、表达、翻译和掌握他们以前无法忍受的想法和感觉的方式。我们和他们最深入的经验进行分析性联结，以便他们能够与他们的全部潜力进行个人的且持久的联结。

成功的分析性联结不仅带来精神上的变化，还会伴随着相应的失落感和哀悼感。每一刻的分析性联结既是希望和转变的体验，也是恐惧和绝望的体现，因为患者在面对改变以及与自体和客体建立新的联结时会经历这样的过程。成功的分析工作总是会形成一个循环：可怕的冒险尝试、匆忙的撤退、报复性的攻击、焦虑的迂回，以及试图将治疗转变为非分析性的、减轻痛苦的其他形式。分析师将这些对成长之旅不稳定的反应诠释为一种引导治疗回归更具分析性质的方式，即一种能更深入地与自我和他人进行有意义交流的方式。我们给患者的支持包括一个内在的承诺，即我们帮助他们在这种痛苦的联结中生存下来，并与他们一起进入未知的领域。

　　从克莱因的角度来看，现代精神分析师常用的技术有几个要素：完全移情的概念（Klein，1952；Joseph，1985），投射性认同现象，理解反移情的临床重要性以及人际压力下各种心理投射所产生的行为结果。这些是在临床实践中使用的主要工具，以帮助患者更接近他们的核心幻觉，并解决他们的基本焦虑。

　　然而，患者的典型移情特征是短暂的、令人困惑的、难以临床总结的，尤其是在私人诊所中经常看到的是更不安的、不克制的个体。事实上，通常很难找到这些患者的移情、核心幻想或焦虑。

　　第一章探讨了缺乏分析依据的情形是如何发生在喧闹、强烈、尖锐的移情状态中的，或者是安静、柔和、模糊的移情状态中的。当我们开始了解患者的动力和构成这些模糊移情的各种投射时，我们经常会因为它似乎完全改变了或完全消失了而措手不及。有时，反移情是痛苦的，因为我们感到飘飘忽忽了很长一段时间，没有任何真实的感觉，不知道在移情中发生了什么，因此没法立即诠释它。在本章中介绍了两个案例：一个案例展示了一种激烈而复杂的移情状态的临床表现，而另一个案例展现了在一种柔和且未成型的移情状态下的反应。本章讨论了如何在这些状态中找到意义的方法，以及如何容忍长时间的不确定性。

　　第二章继续研究在精神分析实践中遇到的案例，其中移情要么是喧闹的、激烈的、明显的，要么是安静的、柔和的、难以定位的。在这两种情况下，激烈或柔和的移情状态都可能是复杂的、令人困惑的，并且难以持续清晰地去诠释。其原因似乎是基于投射性认同的各种防御机制，这些机制创造了多个快速改变和快速切换的心理冲突区域。

　　更多的案例素材是用来展现通过当时、当地的诠释来监控当下的移情和反移情的重要性，这种诠释未必准确地总结了全部的移情，然而却捕捉到了患者在当前的、特定的临床时刻的幻想世界中的焦虑感。

第三章会让读者注意到那些被困在关于施和受的冲突和后果的幻想中的患者。这些案例最初看起来要么是抑郁的，要么是有被迫害妄想的，处于边缘/自恋的功能领域。然而，第三章的案例素材将说明在移情过程中，偏执（Klein，1946）和抑郁（Klein，1935，1940）的混合心理困境是如何出现的，其核心扭曲在于对"施"和"受"的畸形认知。对于这些患者来说，其客体是迫切需要治疗和关注的，但也会是一种攻击和剥夺。客体可以是急需的养育和爱的源泉，也可以是背叛和攻击的突然来源。因此，当与移情、反移情和投射性认同机制的持续影响密切合作时，分析师将发现这些低功能和高功能心理状态的复杂情况，并发现患者正在与一个非常混乱和不平衡的内在风暴作斗争。欲望、需求、控制、丧失和恐惧是这些类型治疗中持续出现的幽灵的一部分。仔细地保持分析性联系，可以让患者逐渐克服其强烈的焦虑、悲伤、嫉妒和对控制的需要。这种工作有望带来一种更平衡的施和受的体验。

第四章继续探索了在给予、取悦和控制客体这一领域中，病理性现象的复杂多样性。通过案例素材，本章探讨了那些情感局限在一个非常原始的自体和客体抑郁冲突体验中的患者。取悦客体的欲望是想要从渴望的好客体中获得认可和爱，但取悦的需要也有助于安抚潜在的愤怒客体，避免任何可能引发遗弃、拒绝或迫害的冲突。

这些处于前抑郁阶段、不成熟的抑郁或过早抑郁状态的患者，也会表现出愤怒的需求、拒绝和冷漠的自我专注，以此来认同坏客体，或者他们会表现出过度夸大的忠诚和慷慨，以此来认同所期望的、理想化的好客体。

分裂和投射性认同通常是导致慢性的、病理性的人际关系循环的载体，也是建立和维持自体和客体僵化且具有破坏型性形象的方式。在整个移情、反移情、投射的过程中，细致的、当时当地的诠释工作是必要的，这样才能建立和维持足够的分析性联结，来处理这些复杂和棘手的临床情况。

第五章详细介绍了与那些临床上棘手、情绪多变且心理组织原始的患者进行分析工作的技术复杂性。这些都是边缘性患者和自恋者，他们内心深处在爱与恨、生与死、需要和距离、撤退和攻击的立场之间有着很大的冲突。分析性联结始终是目标，但在此过程中遭遇失败也是意料之中的事。然而，如果临床治疗坚持不懈，这些失败或崩溃的时刻并不总是一成不变或永久存在的。事实上，当双方都愿意坚持下去，打破心理风暴，这些人也可以取得显著而重要的进步、成长和改变。

作者在第五章中使用两份详尽的案例报告，探讨了一些患者在分离、个体化和自主性方面所面临的困难。对于这些患者来说，在脆弱和不成熟的抑郁功能状态下，差异和独立思考或自我认同被认为是禁忌，对自体和客体都是危险的。因此，在这些临床情况下，移情和反移情在相互关系、需求和自我表达方面产生了巨大的冲突。

与这些类型的幻想作斗争的患者过度依赖投射性认同，这很容易导致患者和分析师不同程度的行动付出。在这两种情况下，分析师被投射性认同动力触发产生的活现，会让患者产生激烈的反应，因为患者有不稳定且原始的抑郁幻想，无法容忍客体不够理想、不可控、不可预测，且不是自体的一个镜像。

在第六章中，作者使用了两个案例来继续研究现代精神分析师在工作实践中的现实困境。临床实践不是理想化的，从患者接受治疗到完全解决各种问题，实际上并不那么干净利落。遇到一个相当不安的患者，一周只进行一次治疗，表现出不少问题，在开始治疗后不久就终止，这种情况是很正常的。文献中研究的大多数案例都是那些更符合传统或更理想化的精神分析图景的案例，这就造成了对精神分析师如何真正为那些有需要的人服务的错误描述。我们有许多成功的案例，还有许多失败的案例。而且，那些按照理想化的、不现实的标准看来是失败的案例，可能咨询师真的在危机时刻提供了成功的涵容或安全网，即使不是一个全面的心理转变。这一章建议的这种短暂的遏制或短暂的分析性联结在本质上仍然是精神分析性质的。只有通过探索我们实践的所有方面以及与谁进行实践，我们才能理解理论的价值，以及我们是需要巩固它们、改变它们，还是自信地依赖它们。

第六章的两个案例报告展示了精神分析方法在困难和不安的患者身上的应用，他们无法忍受对情感冲突进行长时间的探索而急于逃避。这两名患者都与强烈的偏执式和抑郁式幻想作斗争，这使得工作过程非常激烈，最终无法完成。尽管这些类型的患者通常在接受几次治疗或经过数月艰难的治疗后就终止治疗，克莱因学派的分析性联结却仍被视为一个有用的方法，有时可以提供有价值的帮助来缓解无法忍受的精神痛苦，即使是暂时的。

第七章通过研究与自恋者一起工作的临床斗争，继续关注难以接触的患者。本章讨论了克莱因理解自恋的方法，并着重介绍了赫伯特·罗森菲尔德的贡献。随后，详细介绍了力比多型自恋者的案例，接着是一个破坏型自恋者的案例。

文中强调了病态的分裂和投射性认同的使用，以及常见的出现在差异性、依赖性、控制欲的冲突中的自恋幻想。最后，诠释和面质的结合被认为是一种对力比多型自恋者来说有用的技术，他们通常处于一个既包含抑郁式幻想又包含偏执式幻想的封闭系统中。

目　录
Contents

第一部分

幻想和移情的两种模式

第一章　柔静与喧闹：复杂移情

状态的两种类型

当我们试图发现和跟踪患者的偏执（Klein，1946）与抑郁（Klein，1935，1940）斗争的轨迹时，我们经常会感到无知和被误导。当我们试图寻找移情的尾巴，或者当我们努力研究患者明显的移情动力的含义时，我们可以体验到我们自己的偏执和抑郁的不确定性。一些患者最初无法用语言表达他们的焦虑，所以他们以其他方式表达自己，比如付诸行动或强烈关注各种外在情况。

我们的许多患者都在处理无法独处的问题。他们自己不能感到完整、舒适或重要。意识到一个人是一个独特的、独立的个体，孤独感对许多患者来说是无法忍受的，并会产生一种破碎、被遗弃和被迫害的感觉。虽然接纳和整合这种内在的孤独是健康成长和内在完整性的一部分，但我们的许多患者觉得它无法忍受，并在移情中表现出这些恐惧（Quinodoz，1996）。

在这些紧张的时刻，患者经常会把这种无法忍受的孤独或抑郁投射给分析师。在这种状态下，分析师可能会因为无法发现移情、理解移情或准确诠释移情而感到失落和沮丧。奎诺多兹（Quinodoz，1993）指出，"驯服"的孤独感是成熟抑郁状态的一个标志。不幸的是，我认为我们大多数更困难的患者都在与一种"狂野和失控"的孤独、绝望和疏远的经验作斗争，这种经验迫使他们去隐藏、逃跑和攻击，而不是试图面对、接受和驯服。所以，帮助患者说出它并驯服它是我们治疗的最终目标，然而我相信大多数患者都忙于否认他们内心的冲突，逃离他们感觉到的内心的野兽。这种内在状态可能会产生强烈的移情情况，这些移情要么非常难以追踪和理解，要么难以承受和令人困惑。

由于这种情况下通常涉及的投射性认同循环，分析师可能会在几分钟、几天甚至几周内感到失落，想知道移情在哪里、它是什么，以及该如何处理它。这种反移情的情况会造成偏执的迫害，一种孤独的、迷失的抑郁状态，或一种困难但可控且健康的抑郁性孤独。案例素材呈现了这种迷茫或飘忽的状态，以及随之而来的令人不安的反移情。然而，反移情是这种暂时迷失状态的指南针，如果分析师对核心无意识幻想状态的跟踪被用作潜在的投射性认同的地图，那么临床清晰度就可以恢复。

案例一

对于某些患者，移情是如此明显而强烈，以致精神分析师能够容易地观察到某种移情正在发生。这在一开始是有帮助的，因为我们知道每个治疗都会发生移情，不管我们是否确定它在哪儿。当我们看到这种移情的迹象就在眼前时还是会感到安慰。但是，在很多情况下，要将此动力对应到患者的核心幻想和焦虑中依然是一项艰难的任务。我们看到的见诸行动部分未必是患者内心斗争或者防御的最重要部分。然而，这却是一个起点。

在反移情中，看到一些强烈或者显而易见的移情过程是令人宽慰的。如此，我会感到有了可以开展工作或是调查的对象，而不是感到迷失、失败，或是孤独。然而，当移情的见诸行动太强烈时，情况会变得艰难而令人困惑。

一开始，桑德拉打电话告诉我想"讨论她如何处理生活中的事情以及应对一些她不太理解的感受"。我们约定了一个初步的时间，但我告诉她，我得在几天内给她回电话确认一下，因为可能会有个问题，导致我们得把见面时间推迟几天。

桑德拉第一次打电话时就告诉我她七十岁了。两天后，桑德拉给我打了几个电话。她说："我想知道你是否还有时间来见我。我知道你可能不想见我这个年纪的人，因为我似乎太老了，而且很可能有的只是无用的抱怨。我真的希望你给我一次机会来和你聊一聊。那时，我想你会明白我活得多姿多彩，并且有很强的交际能力和创造力。"

桑德拉七十岁了，但是打扮得像三四十岁的时髦女人。她穿着时尚的衣服，头发染成了大胆的颜色。她看上去好像做了一个丰唇手术，唇部看起来过于丰满、噘起。在反移情中，我感觉她有一点"古怪"、贪婪和固执己见。在最初的几次治疗中，桑德拉和我说话的方式传达了她对自己以及自己的客体的强烈观点。她向我叙述的方式显示了她需要去控制客体，并且她认为这些客体正试图控制她。

桑德拉开门见山地告诉我："我知道我有些使人厌烦。很多人都告诉过我，而事实就是这样，大多数人都不喜欢我。"我说："你担心我是否愿意和你待在一起？你担心你是否也会把我赶跑？"她回复："我并不在意。我付钱来让你听我说话。我想你可以不接受任命，而我也可以解雇你。"至此，我领略到了她使人厌烦的、傲慢的态度，而接下去的几个月我都得和她相处。

尽管有一些强烈的、露骨的移情的举动，我并不能很快确定她的主要幻想和焦虑是什么。此时，我体验到一种健康的、郁闷的不安，然而，偶尔也会有"也许她会毫无预兆地解雇我"这样的妄想性恐惧。我初步的印象是桑德拉对自己有一种浮夸的、自我陶醉的看法，而这种看法极度脆弱且易于陷入无价值感和荒芜感，伴随而来的是对她的客体的嫉妒和轻蔑。

在第一个月的一次治疗中，桑德拉告诉我她要取消下一次以及之后几周的预约，目的是从面部提升手术中恢复。我问她为什么要做这个手术，她说她"想要焕然一新的感觉"。我问她是否感觉自己很老。她凝视着我然后笑了。她说："我从不感觉老！我只是想去掉一些皱纹罢了。"此刻，我又一次不确定在移情的过程中到底发生了什么。我有些鄙视她，因为她自恋地告诉我为了面部提升手术而取消几周的预约。然而，我又觉得她似乎有些急切地想要加固她自恋的盔甲，加固她想要用来抵挡某种可怕的焦虑的城墙。

于是，我只是简单地说我觉得很不幸，我们才刚刚开始见面就不得不停止了。她同意了，但其他什么都没说。直到下一次见面，她告诉我她已经取消了手术，因为她"觉得做这个手术可能有些痛并且有一点危险"。在这一点上，我感到她是在回应我上次关于她停止治疗的质疑以及我对她的手术的需求的思考，于是她决定更改日程。

在我要求她谈谈她自己后，她开始告诉我她的过去。她告诉我她在城郊小镇上一个农场里非常贫穷的家庭长大。她的父亲是一个易怒的、时而有暴力行为的酒鬼。桑德拉的母亲尽力照顾五个孩子，但她总是对她的命运感到疲惫而沮丧。16岁时，桑德拉为了逃离混乱的家庭生活离开家里去了纽约。我说："你试图独立并且拯救自己，然而那一定很艰难，因为你那个年纪仍然需要依靠他们，让他们来照顾你。"桑德拉说："你必须面对你面前的东西。我别无选择。我对来到大城市看到百老汇和时代广场感到很兴奋！"

她以一种目中无人的方式说话，就好像她把自己塑造成强大而不受他人影响的样子。"必须面对你面前的东西"这样的防御似乎有些裂缝，因为她第二天打电话给我，让我确认她的下一次预约时间是否正确，并发消息告诉我谈论她的过去让她意外地感到低落，并且期待进行下一次谈话。那么，这就是移情的证据了，而在这个移情中她炫耀自己是个独立的能够自己处理生意的女性。事实上，她几次提到她是如何完成大学学业并且成为一名成功的、被她的男性同辈们尊敬的女企业家。同时，她告诉我她谈到过去似乎揭开了旧的伤口，且让她暂时因为舒适、安心，或者只是在恢复状态前的这个休息站快速修复而依赖我。

一个她支付报酬的例子展示了她处理她的脆弱，或者更准确地说是控制她的脆弱的侵略性的方式。在一次会谈中，桑德拉要求我在一张纸上签字，纸上手写了我们见面的时间以及她支付给我的金额。我告诉她我会很乐意在每个月月末做记录工作时给她一张收据，但我很好奇为什么她现在就需要这样做。她说她想"保护自己，而这只是有益的交易常识"。"作为一个生意人，你应该懂得这些！"她说。我说她似乎有些担心着什么，也许担心在某种程度上被我占便宜。桑德拉立马说："我曾经被占过便宜，于是我很快就学会了如何预防这样的情况。你到底签不签？"我说："我很好奇你是不是说你曾经在情感上和经济上都被占了便宜？你看上去想要确保这两方面都受到保护。"她告诉我："我以前在情感上被占过便宜。但是，现在，我问你到底是签还是不签。"我说："听上去这是一个威胁性的问题。"她说："如果你不签，我不知道我是否还能够继续。我想要确保我是被保护的。"

于是，我们继续讨论，我试图和桑德拉一起搞清楚这个问题。但是，除了显而易见的控制、迫害以及不信任，我不确定这些焦虑之下有什么。在这一点上，我有点疑惑她是否试图阻挡一些已经发生的事情，这是一种来自过去经历的对未来的恐惧（Winnicott，1974）。换一种说法，在她的移情里有一种对背叛的幻想、对受保护的需求，而这些是对过去经历的重复，但是她却将此当作未来会发生的事。

我本来认为我已经通过运用探索、诠释和设置限制的方式处理了关于收据的问题。我以为我们已经分析了一些情感方面的问题。然而从整体来看，这只是尚不清晰却显而易见的对我不信任、想要争取主动权和控制感的一小部分。当桑德拉下一次来访时，我和她确认之后几次见面的时间，而她却说："无所谓了，这次是我们最后一次见面。"听到她这么说我并不惊讶。从第一次见她时，我就有一种感觉，我们之间的依恋关系很单薄、很脆弱，而且容易毫无缘由地瓦解。在这一点上，我想我也是害怕崩塌的受害者（Winnicott，1974），事实上，当我在进行治疗的时候，这种崩塌已经发生了，而且一直在发生。我问她为什么，她说因为"你拒绝在那张纸上签字，我无法信任你，所以不能继续下去了。我无法让自己处于不被保护的状态。如果你不能够理解我的立场也没关系，这是你的权利，但是我无法继续下去了。"她说得很冷淡，我意识到她是认真的。于是，我告诉她我明白了她是认真的，并且在我同意签字之前她不会告诉我这样做对她有什么意义。于是，我说:"如果我不签字就意味着我们要结束治疗，那么我会签的。"

但是，我继而说:"我觉得这说明了你在亲近我或者其他人的过程中有过许多挣扎。"我说:"你想要信任别人，想要参与一些事情，但是你内心深处却如此相信自己很可能会受到伤害以致需要建立一些屏障来让自己感到更安全，并且为此编造一个说法。"我暗示说，这种"要么签字，要么结束"的僵局体现了她如何看待这个世界，也是为什么很多人觉得她"不近人情"的原因。桑德拉同意这个说法，她说她能理解我的意思，但是签这个字的意义"不只是关于钱"。她说她"只是想小心一点，不要陷入有人质疑她是否付款了的局面，她想要证据"。我说她好像认为我有可能突然转变态度，指控她没有付费，然后要求她支付更多报酬。桑德拉澄清道:"不完全是这样。更多的是，如果你发生了什么事，你的受托人就可以查看你的交易记录。如果你没有记录下我的付费情况，他们就可能找我追究。比如，你可能因为心脏病突发去世，或者你的办公室可能因为着火而夷为平地，而这些付费记录也随之烧毁。所以，我只是想要一份私人的付费记录作为证据。这样做没错吧。"

我又一次处于一种不确定的反移情状态中。我觉得应该有明确而强烈的关于信任、迫害、损失等的移情动力。她有一种我死后她需要面对我的死亡引起的对她的种种迫害的幻想。然而，我又感到仍然存在其他悬而未决的我尚不了解的动力。当我能够清晰地看到她是如何通过威胁我要么签字要么她就永远离开的方式而让我们的关系陷入僵局时，我并没有想到这次治疗结束时会有另一个难题冒出来。桑德拉在将要离开的时候告诉我："我很高兴你最终签字了。不然失去你我会感到很遗憾。"她这样说的时候似乎既真的对没有失去我感到很宽慰，又有些冷淡，就好像她很高兴不必经历找仆人的麻烦就可以获得一个仆人来替补一样。

我对她如此快地让我以及我们的关系陷入两难困境感到非常惊讶。一开始我以为她是在侮辱我，炫耀她更占优势的处境，以及炫耀她能够轻而易举地解雇或抛弃我。同时，我也立即察觉到她对自己并不孤独、我们的关系没有破裂而感到宽慰。她并没有解雇我或者失去我。桑德拉很高兴她没有毁坏我们的关系，但是她却不得不让我经历这个紧张又继而安心的过程。现在，我感到这就是那另一个难题了。我仍然不确定在更大意义上我们面临的问题究竟是什么，但是实时的分析工作一直在进行。

这种复杂的移情关系一直持续着。在签字僵局过后没多久，桑德拉创造出另一种截然相反的方式来看待我、与我交流、控制我。在一次会面中，她上下打量我，然后坐下，说："你穿这件蓝色的衬衫看上去非常英俊。你有很好的品位。它很衬你的脸，让你看上去很出色。"我感觉她在用一种让她自己感到可控的方式和我调情，但同时又有一种深情的凝视。然而，她赞美我的感觉很快不见了，因为下一句评论将这种移情的气氛戏剧性地转变了。

桑德拉说："这个发型让你看上去像同性恋者。我不知道这发型哪里不对劲，但它使得你看起来有点娘。我猜想你是愿意了解这点的，你可以去找一个更好的理发师。"这显然是一系列移情投射的表现，但是形成这种幻想的潜在动机、内在渴望，以及焦虑仍旧不清晰。

我们经常不能了解这些心理失常的患者的整体移情状况，因为他们生活在一个碎片化的、粗糙的世界里，他们只投射一部分，而不是全部的客体相关的幻想。因此，在治疗的大多数时间里我们必须在黑暗中工作，仅仅依靠即时的移情状态的澄清，以及投射性认同的自然过程来工作，而这些在下一次治疗时，甚至十分钟后就戏剧性地转变了。

这种前进中的不确定可能造成反移情中的几种不健康的反应，并导致活现，除非被恰当地监控及管理。一方面，分析师可能变得焦急，试图以压制、控制来修复这种模糊的、不明确的移情状态。这种迫切想知道的欲望可能会呈现出病理性的部分，分析师可能会诉诸更多支持性的咨询以及"生活辅导"，为的是感觉到自己对这种移情和幻想状态有把握。

而另一个极端是分析师可能变得自满（Britton，1998），在治疗上快速不费力地前进，以此作为一种减轻担忧和不确定性的方式。结果是，这种防御性的治疗状态会看起来像令人愉快的、温和的社交聚会，而并没有聚焦于深层次的内容，仅仅是清点一下讨论中的某些恰当的部分，并且只是用共情的方式讨论一下患者生活中最近发生的事件。

自满的另一种形式是分析师只诠释了一种水平的移情（Roth，2001）。其中有一种情况是分析师诠释每件事都要无意识地提及分析师自己，说"我也是"，这种自满的诠释就是一个例子。有学者（Cangnan，2004）记录过克莱因学派的分析师们如何努力帮助患者学习有关"自体"的知识，并以此作为整合、成长和创造力的标志。这种理解本身以及寻求这种理解的过程可能会受到患者和分析师的抵抗。所以，不只是患者和分析师会变得自满，以此来抵御变化、同一性，两方都可能会对新的理解产生攻击性以保持心理平衡，即便现状已不堪、痛苦，或是病态。

在桑德拉最初几个月的分析治疗里产生的整体移情状况中的另一个方面是她如何看待我是如何对待她的。当我准时开始并准时结束治疗时，她认为我"严肃而不通情达理，像个敲钟人一样"。我诠释说当我准时结束时，她似乎感到我想要把她赶走。桑德拉说："嗯，我想毕竟这只不过是种交易。"她似乎非常肯定我顶多把她当作交易商品，并且时间一到就马上想要摆脱她。她无法理解其中的关心和准时结束的原因。她对我说"那样做很冷酷"。

和所有患者一样，我请桑德拉在每次治疗开始时付款。桑德拉的反应是告诉我，我"太急于要钱了，似乎太注重于报酬，好像关心的只是钱而已"。在这一点上，我感到她非常强烈而带有攻击性地将我置于某种糟糕的境地，容不得任何改变和澄清。我现在被贴上了"像个敲钟人一样，并且太注重于报酬"的标签。我感到难以逃脱这个定论。出于我的反移情感受，我对她说："你仿佛不给我机会就已经非常确定我在所有方面都不是一个好人，并且没有为我到底是个什么样的人留有争辩的余地。你已经给我贴了标签，下了定论。"桑德拉说："在我看来是这样的。"

到此为止，对桑德拉的分析治疗状况是激烈而不稳定的。她将我视为一个她希望依靠的客体，但却很快就贬低、排斥我。桑德拉渴望有一个救助者、治愈者，但很快就被她自恋的需求，以及这种急需忠诚和同盟的脆弱自我扭曲了。当她告诉我她不近人情，没有人喜欢她时，我想这就是原因。她创造了一种主动把对方设定为不喜欢她或者不想要她的关系，于是她不得不先离开这段关系。同时，她又以一种非常迂回而棘手的方式表现出她确实想要建立关系并暴露她的焦虑。

桑德拉花了几周的时间向我叙述她最早的两段婚姻。对第一段维持了十年的婚姻,她叙述道"非常失望,回顾那段婚姻感觉自己浪费了太多生命"。我告诉她我认为她告诉我这个故事是想理清这段经历,可能还想哀悼一下浪费的那些岁月,并且希望能理解为什么会将自己置于后来后悔的境地中。这种诠释是我对她这次自发提起这段经历的回应。她提起这段经历的方式似乎是计划好的、平静的,但在情绪上是对她非常重要的。她可能努力想要更好地理解自己,摆脱这种强烈的后悔和悲伤。

在她对婚姻的叙述中,我注意到有一种双重感受,粉饰了移情过程。桑德拉既将自己理想化,与此同时又对自己无法很好地在近期的生活中让自己感到重要而愤怒。她总是因为别人试图控制她、对她不好、没有夸赞她、将她看作一个不值得关心的好人而感到愤怒。

在桑德拉叙述的故事里,她嫁给了一个知名的律师,同时也是一个著名而富有的实业家的儿子。她的婆婆试图掌控一切,告诉他们该住在哪里、穿什么衣服、去哪些派对、参加哪些乡间俱乐部。当她提起所有细节的时候,我注意到她在两种状态间互相转换,一会儿似乎想要向我炫耀富有的、上层社会的经历,一会儿又诉说着她那些年是如何不被尊重、被折磨,且情绪抑郁的。换句话说,整个移情过程似乎又一次展现出她一边想要我的帮助和同情,同时又一边确保我知道她是重要的,且由她掌控。

倘若运用克莱因的技术来理解桑德拉的焦虑,我认为她活在既偏执又抑郁的冲突里。她似乎很确定我会占她便宜,且常常感觉自己受到他人的攻击。她用一种躁狂的方式来体现自己高高在上,并且快速地提醒我,我的地位比她低。她也会为我或其他人感到抱歉,但却是以一种讽刺的、贬低的方式来表达。最终,我因为她的自大而感到恼怒,但随即为她感到抱歉,并想帮助她找到更好的体验自己及她的客体的方式。这种抑郁心位的补偿似乎是投射到我身上的，而我得去宽恕、去修复，尽管发起战争和伤害的人是她。

有学者（Bianchedi et al., 1988）诠释了克莱因是如何扩展了弗洛伊德对分离焦虑的看法，她探究了自我对依赖于客体的认识，以及失去以后的危险。这引起了内疚，继而会努力修复，寻求原谅。我想这就是投射性认同的过程。在这个过程中，分析师要忍受这种不堪的、羞辱性的、抑郁的体验。

在我和桑德拉的12次见面中，她表现出了明显的情绪转变以及对自体和客体的戏剧性转变，这些都和偏执-分裂谱系的边缘性、自恋功能更严重的方面相一致。有一周，她对生活以及那些陈腐的、愚蠢的"她周围的一切"感到厌烦了，包括我。另一周，她感到"彷徨、孤独，深深陷入一种凄凉的境地"，整天躺在床上，不和人说话。第三周，狂躁似乎战胜了那些似乎有爱且重要的人，她告诉我她被"治愈"了，并且"享受整天躺在床上想做什么就做什么，不受其他人的需求以及一天又一天的愚蠢生活的妨碍"。还有一周，她声称突然交了朋友，又被很多男人追求，并且准备去旅行，还想重返大学。

这种认为自己被很多男人追求的想法包含了一种她渴望获得特别关注和爱的核心，但是她有一种最终会被人拒绝、折磨或利用的信念。一开始，她说她不需要男人，她"已经和他们结束了，他们对我而言没有用处"。我向她诠释了为什么她不愿意依赖我、视我为某个她能寻求帮助或者亲近的人，因为她开始数落我、贬低我。她对我说："我目前还没有评判你，但你尚未证明你的价值。"

一度，她告诉我她参加过一个当地心理研究中心的高级课程，所有的太太们"都走出来保护他们的丈夫不受我的伤害，就好像我会绑架他们一样"。一周后，桑德拉告诉我她接到几个男人的电话，想约她出来，他们是在太太们外出时打的。桑德拉说她"很享受，但是拒绝了，他们只是想在等太太们回家时利用她来消磨时间"。

很快，她又告诉我她"被深深地打动了，这个课程的一位比她小30岁的男老师表达了对她的兴趣"。有好几天，桑德拉都感动到要掉眼泪，哭着告诉我："我已经放弃了有人会需要我、爱我的希望。我觉得他是真的喜欢我。我已经很久很久没有因为别人对我真诚地感兴趣而感动了。"又过了几天，她却变得生气而失望，因为在他太太不在的时候他会一天给她打几个电话想要和她上床。

桑德拉也会诉说关于她是如何被一个住在她社区的"肮脏年迈的老人"追求的故事。桑德拉觉得这事很恶心，不想和他有任何关系。但是，我诠释说她向我叙述的方式似乎是想要让我知道她依旧风韵犹存，被很多男人追求，而不是被人遗忘。她回应说，这只不过是一个年老的、有病的、无所事事的人。

在她的移情过程中，我是一个总是在不断变化的人物，从好到坏，继而又循环往复。这反映了桑德拉内在对自体的看法，要么很理想化、很完美，要么很老，容易被抛弃。有时候，我很"可爱、聪明、真诚，显然是一个专业的、反应敏锐的治疗师"。而其他时候，我只是想要赚她的钱，"只是和有利可图的客户做生意"。常常是，她觉得我并不理解她，我总是"问一些奇怪的问题，而这些问题并不像她所想的能够有效地让她感觉更好些"。

自始至终，桑德拉讲述了自己是如何养成"占便宜"的习惯的。她因为十年前编造的某些事而获得了残疾补助，政府通过一个监管机构至今每月都向她发放一笔款项。她说："这是他们的失误，我为什么要主动提醒他们呢？"她上的那个课程，也就是她老师向她求爱的那个课程，本来她是没有资格参加的。但是，她撒谎告诉他们她真的非常需要参加这个课程来完成她的学位，于是他们同意录取她。她告诉我她还参加了另一个只向残疾人免费开放的课程，而在其他地方这样的课程都是需要收费的。于是，她撒了个小谎就被录取了，一分钱都没出。她告诉我她大胆地在她公寓的门廊上，靠着邻居家安装了一个热水浴池。当他们要求她拆掉浴池时，她立马同意了，但只是遮盖了一下浴池，让它看上去好像已经被拆了一样。

与此同时，她的保险公司对我的账单不予反应。当她告诉我越来越多关于她是如何狡猾而自恋地操纵、利用其他人时，我开始担心我可能根本收不到咨询费。我向她提到了这一点，并说她这样的做法似乎是一把双刃剑。如果我提了这件事，她会觉得我只是财迷心窍。如果我不提，我就给了她控制我的权利，最终我会感到被利用了。那么，不管怎么样，我们中都会有一个人感到被另一个人利用了、背叛了。似乎没有折中的方法来探究这种紧张的关系，而不加重这种紧张。

当我说这些的时候，她说："当你这样说的时候，我明白你的意思了。我不希望你这样想。我很惊讶你认为我是那种会诈骗你的人。但是，不管怎样，我保证如果不能用医保报销的话，我会亲自付款。"她这样说时，我确实相信她，不过我感觉自己在和一个双重人格的人相处，既诚实而坦率，又卑鄙而不可靠。

移情表现的另一种方式是，桑德拉每次都会付保险的自付部分。一开始，如果我不提醒她的话，她不会主动付款，即便我从第一次就要求她先付款。因而，我陷入了不得不每次都要提醒她的境地。于是，她就会抱怨我总是想着钱，对收到付款更感兴趣，而不是对倾听她在想什么、目前关心的是什么感兴趣。我向她诠释了她发动的这种权力斗争。

几周后，桑德拉将钞票从钱包中拿出来，扔在我身上。她会说"接着！"然后把钱甩向我。钱随之掉落在地，我感觉她明显是想将我置于一个卑微的、下等的地位，不得不从地上捡起钞票。当我这样阐述时，桑德拉马上说："你误会了。你无法理解我。没有人理解我。没有人真的理解过我。我只是在和你开玩笑，玩玩而已。我对你很友好。"我说："这很重要。我想了解你对我的所有感受，不管是积极的还是消极的。但是，如果你是闹着玩的，这种讥讽性、攻击性的方式混淆了开玩笑。当你告诉我每个人都觉得你总是无礼冒犯，都不想和你交朋友，这会不会就是他们会误解你的意图的原因？"桑德拉说："我猜可能是，但是我已经不再在乎他们是怎么想的了。我不需要他们。我一个人生活得很好。"

这种躁狂的、自恋的独立感是巨大的孤独、自我憎恨、绝望的掩饰。然而，桑德拉长久以来无法允许自己面对这些感受，她只短暂地允许我进入她混沌、冲突的内心世界，随即就关上心门，声称自己是全能的，而整个世界都百无一用。她在三个月后停止了治疗，这是意料之外、情理之中的。她给我发了一通电话留言，总结了她对她的客体和内在冲突的绝望的、防御的反应。她说："你已经尽力帮助我了，运用了你所受训练的最大本事。但是，这并不足以帮到我。我们讨论的这些问题对我并没有什么用处，无法满足我的需求。祝你生活美满，并且感谢你。你已经尽力了。我不再需要你的服务了。我会去书店买一本自助类书籍。再见。"

当桑德拉结束治疗的时候，她的分析治疗尚处于初始阶段。她的治疗是复杂而不稳定的，伴随着时不时的幻想和防御。因此，很难搞清整个过程。桑德拉是一个典型例子，展现出了激烈，但复杂而混乱的移情。在这种显而易见的迹象下，很容易看到有移情在发生，既有正面的又有负面的，这是桑德拉向分析师展示的。这些可以被称作"激烈"的移情，同时也是复杂而混乱的。

在这样的状况下，整个移情状况会如此激烈而多变，以致最好的治疗方法是专注于当下。这种方式与哈格里夫斯和沃切夫克（Hargreaves, Varchevker, 2004）所概述的贝蒂·约瑟夫（Betty Joseph）的工作方式高度一致。他的方式就是以审视患者带入治疗关系中的所有东西为中心，尊重患者维持他们当下精神平衡的需求，尽管他们在不断改变这种需求。除此之外，在分析师持续专注于当下所发生的临床冲突，并且避免试图掌控所有事情，或者认为自己一下子就完全了解患者的同时，对投射性认同和反移情的探索在治疗上也是很有价值的。的确，我们必须学会忍耐，不要去控制，也不要以为自己什么都知道，同时也要相信我们能够通过虔诚地专注于当下的临床情况而获得足够多有价值的洞见来给予患者。

案例二

在这个案例报告中，治疗中出现一种"柔和"的移情迹象，这种移情很难辨认、理解，根本诠释不了这种移情举动。很长时间内，分析师都会感到没有任何移情迹象可以揭示、分析、诠释。只有偶尔的一点点移情迹象发生。这种隐藏的、柔和的、含混不清的移情状况也会形成混淆的、不确定的反移情感觉。

克莱因提出,爱与恨的核心冲突贯穿个体发展的全过程,并塑造其内心世界(Stein,1990)。对于这类患者而言,这一根本性事实的证据往往极难捕捉,常被大量的投射性认同机制所掩盖。费尔德曼(Feldman,2004)曾论述贝蒂·约瑟夫的技术准则:应对患者内心世界的即时运作、症状背后的意义、付诸行动及移情模式保持持续关注。通过发现患者如何阻挠、逃避或攻击关于自我与他人的新认知,同时包容这一过程并积极进行诠释,能够帮助患者逐步内化分析师的治疗功能。费尔德曼阐述了耐心包容、组织并言语化这些即时互动的重要性,因为它们将逐步为帮助患者发现构成其行为的无意识动机与幻想铺平道路。贝蒂·约瑟夫特别强调要专注于这些内容在治疗会谈互动中的呈现方式。正如费尔德曼(Feldman,2004)所总结的,她对克莱因学派技术进行了精进,发现若分析师混杂使用描述性观察与过度复杂的解释性诠释,反而会拖慢分析进程。

我发现遵从这个建议很有用,特别是对心理失常的、焦虑的患者而言。索德里(Sodre,2004)用自己的语言诠释了这个理念,他写道,不去诠释普遍的移情模式,而是围绕患者日常的、眼下的言行的方向,不管是表面的还是深层的,不管是具体的还是抽象的,不管对分析师是情绪激烈的还是情绪平静的,这一点在技术上是多么重要。他还写道,如果我们总是提供"因为"这种诠释的方式,或者专注于历史再现,而不是清晰地描述真实的治疗关系,以及描述患者在他们的幻想中、内在关系冲突中利用我们或者不利用我们的方式,我们自己会防御性迷失。

因此，分析师可能不得不在对患者没有充分理解的情况下，跟随、包容、理解这种激烈而艰难的移情状态。这样的话，治疗的过程可能会混乱而冗长。

案例报告

其他时候，患者会呈现出更安静而柔和的移情，但从另一个角度来看，这种移情也很难追踪或理解。大卫两年前来见我，想寻求婚姻上的帮助。他那易怒的、多变的太太背叛了他。她告诉他，她对他的健康问题感到厌烦了，对他们无性的婚姻关系感到厌倦了。大卫遭受着前列腺癌，以及治疗癌症期间和治疗之后的折磨。那段时间，他极度恐惧、焦虑，完全聚焦于自己以及自身的恢复。其间，他变得性无能，我们将其诠释为因为他害怕他脾气不好的太太，同时也是他受到伤害后采取的一种消极报复的方式。她太太和他离婚后，他继续着他热爱的工作——护林者。他希望有一天能成为公园管理者。他的工资不足以存下积蓄，也无法为他提供保险，因为他并非全职员工。大卫对写短篇小说也很感兴趣，但是已经好几年没有写过了。

在他的分析治疗过程中，我们探究了他过度乐观而被动的生活方式，总是回避冲突，尽力取悦别人，哪怕这意味着隐藏或者否认自己内心的渴望。随着时间的推移，我们讨论了他小时候的养育方式，包括他那固执己见的、别人一不同意他的意见就发怒的父亲。大卫的母亲是一个被动的女人，总是躲在后面，试图取悦、调和所有事情。

从他还是个小男孩的时候开始，大卫就觉得自己命中注定是伟大的，但这种全能幻想同时也伴随着一种永远也搞不清这辈子想做什么的阉割感。他兴趣广泛，现在也是，但却始终没有充满热情地去追求某一件事。我们将此看作他在功名、权利周围绕圈子，但却因为对冲突的恐惧而逃避成功。有一个例子是，大卫非常热爱写短篇小说，而且似乎也很擅长。然而，他却从来没有以一种能够发掘自己潜力的方式来追求成功。

在移情的过程中，大卫令人愉快、和蔼可亲，总是准时到来，对他目前的想法侃侃而谈。然而，这却创造了一种假性的反移情。我发现自己在跟随他，对他报告的生活、工作情况，以及与新女友的关系感到满足。他的健康状况现在已经很好了，他的性生活也很愉快，同时他也受到他领导的夸奖。于是，我发现我自己放松地坐在椅子上，而他躺在分析躺椅上，我们两个都顺流而下。但是，后来我发现我们都太懒洋洋了，实际上我并没有做很多分析工作，而治疗看上去也毫无头绪。我重新反思，找到了一点点感兴趣的片段和一点点可以用来分析评价的反移情感觉。不过，我们似乎依旧逗留在这种懒洋洋的、柔和的、无所事事的状态。这个过程中一定是有移情发生的，但我不清楚是什么样的移情，也不清楚它是怎么发生的。大卫一定是有焦虑和冲突的，但却不清晰到底是什么样的焦虑和冲突，以及这种焦虑和冲突是如何形成的。我在这种安静的迷雾中迷失了。

在他第二年的分析治疗中，发生了一件事，让我从这种迷雾中走了出来。大卫告诉我一个他和他女友在驾驶时遇到一辆减速的汽车的故事。大卫粗暴地按喇叭，想要前面的车让路。他的女朋友对他这种突发的暴力行为感到很震惊，说他吓到她了。而他对她为什么这么说感到完全摸不着头脑。在一段很长时间的讨论后，他仍旧不认为自己刚刚生气了，并且无法理解她的反应。在听他叙述故事的过程中，我很惊讶他在叙述这个在他前面的慢速司机，以及交通堵塞的方式时明显传达了他对此的厌烦和愤怒，而他却完全不自知。我告诉他，他在故事中向我传达了他的愤怒情绪，但却在讨论中否认了他的情绪，正如他和女朋友的互动一样。他回答说："我不认为我生气了。也许只是因为我来自纽约！按喇叭撵走前面的人是再正常不过的了！"

我说："你告诉我你在交通状况中是如何像你父亲一样做出反应的，但你却以像你母亲一样的那种被动的、轻描淡写的方式来叙述这个故事。你希望我不要认为你是不友好的。你叙述了这个故事，但却不承认自己的感受。也许这就是你朋友会生气的原因。"大卫说，他能理解为什么这让她感到困惑，甚至恐惧。"但是，我并不想成为我父亲那样的人。"我说："你总是很友好，想让我们之间的互动平和、稳定。你常常告诉我每天发生的事情，但却几乎不表达你的感受、你的反应和你的需求。你认为如果我们平和而没有冲突，那么我们就没有问题。但是，你是中立的。你想要成为一个伟大的作家，还想在你的护林工作中有所晋升，可是，你从不带着激情和兴奋向我叙述这些事情。我们安全却又压抑。"

这段诠释对大卫是有帮助的，向他打开了探索自我的窗户，他开始正视自己对想要更多的期待和恐惧。结果他理清了一些对竞争的内疚和焦虑，以及对追求成功和权利的恐惧。最后，他告诉我他不想要这种"浮华的超级成功"，只是想体验追求他觉得对的东西、令他激动的东西，而不是他应该喜欢或者追求的东西。但是，这意味着他处于两难的境地，一边是追求他想要的东西，一个不俗的、能够让他感觉更好的目标，而另一边是他女朋友和其他人认为他应该追求的浮华而俗气的目标。

有趣且重要的是，这意味着他想要的似乎是懒惰而无目标。事实上，他很满足、很快乐，但出于对冲突和被指责的恐惧没有向我或者其他人分享这种感受。在这一点上，我们讨论了他对我可能会因为与他意见不同而批评他、不支持他自己的选择的担心。这是一个从柔和而不确定的移情向我们可以探索并慢慢搞清楚的移情的转变。在我们的共同努力下，我们开始加大力度来理清这种移情，使之更加容易理解，我们可以从中获取领悟，认知也会随之改变。

在最近一次治疗中，大卫走进来，躺在躺椅上，说："我们上次谈到哪儿了？"很多患者在他们分析治疗的不同时期会有这种表现。但是，每个人的移情和每个人的投射性认同式的努力和攻击都是独特的。所以，对不同患者的独特心理特征，我要么会回应说："你思考过我们之间的对话了。""你被我们上次谈的内容吸引了，但还不太理解。""你通过严格地执行从上一次讨论结束的地方继续开始讨论的方式来逃避想说什么就说什么这种自由联想。"要么会回应说："你担心如果你不依照之前的轨迹而是按照自己的想法来讨论，我会生气。"在大卫的这种安静、柔和的移情之下，我容易进入一种仅仅告诉他上次我们进行到哪儿的反移情，让他开始讨论上次那个主题。接着，我们就展开一些模糊而安全的无目的的漫谈，这些漫谈让人感觉舒服但却避开了有意义的、冒险性的探索。

但是，当我问自己大卫是如何利用我或者希望如何在治疗中利用我时，我感觉他突然变得被动，指望由我来主导、由我来思考、由我来决定什么对他来说是重要的。于是，我诠释了他想要我来引导他、告诉他该做什么或说什么。我说："你似乎想要我来主导。我很好奇这是为什么？"

大卫立即联系到他的女朋友是如何不止一次说过希望他更有主张、找一份更好的工作、做事更负责任。大卫讲述了她最近是如何告诉他替他找到了一份似乎更适合他的工作。他觉得这份工作听上去似乎真的很有前途，他应该去面试一下。但是，当我指出是她在发号施令，而他似乎处在被动地位时，他同意了我的说法。我继续诠释也许他对自己做主，以及在我或者他女友面前显示自己是个有主张的、直率的、知道自己要什么的男人感到焦虑。我还提到，他曾经向我暗示过他真的热爱现在的工作，事实上他感到自己是成功的，并且不想找其他工作。但是，如果大卫认为我们希望他有一份更高薪、有更好的健康保险等福利且更有社会地位的工作，他说出实话就会使我们不高兴。

大卫同意我的说法，并开始讨论他女友替他找的这份工作的利弊。这份工作在亚利桑那州，大卫说："那里太热了，人们不得不总是待在室内。我喜欢这一点，因为如果我不得不待在室内，我就会被迫坐下来开始写作。"之前提到过，大卫写作好多年了，并且有一些文章发表了，但却从未真正以一种会让他更成功的方式认真追求过这份事业。同时，他告诉我写作是他"深深热爱"的东西。我诠释说，他对追求他热爱的事物以及表达他的热情感到内疚。反而，他对让我或者其他人主导一切感到更舒适，这样就不会产生冲突了。

我说："你希望做主的是亚利桑那州炎热的天气，而不是你自己对写作的热爱。"我们接下来的治疗都在探讨他用处于被动地位，以及以否认自己的个性、需求、渴望的方式来逃避冲突，避免感到内疚。至此，我们建立了分析性联结（Waska，2007），并开始积极探讨他的移情，以及他对自己和他人的幻想。他的移情开始显形，变得可以理解，而不再是模糊的、表面上看来没有意义的。通过仔细倾听，并寻找大卫的投射的线索，我终于能够从他通常安静而柔和的移情迷雾中脱离出来，做出建设性的诠释，并与他一起以一种比从前更有意义的方式来工作。我们可能会不小心时不时经历那种柔和、不清晰、慵懒、松散的移情过程，但是我们正在努力走出这种泥沼。

讨论

有学者（Roth，2001）写道，容许这种安静柔和、朦胧未知的移情，去包容、整合、慢慢组织一种能够最好地诠释患者内在经验的语言，这样的做法是有价值的。同时，她也写道，患者通过投射性认同把分析师置于不同的幻想互动中，这种互动可能最终会让分析师担任患者的各种内在客体关系的角色。所以，对这种投射性认同的过程进行"第三和第四级别"的诠释是很重要的。

所以，我认为，虽然有时在"第一和第二级别"逗留一会儿很重要，但是对外在客体和情境的诠释，以及对移情中偶尔的"我也是"的诠释，可能是患者故意的防御或者攻击的一种活现，患者想要创造出一种柔和、慵懒、模糊、安静的移情。在这种移情中，双方都很愉快而没有觉察，在这种否认和自满的无目的漫谈中迂回前行。因此，对这种缺乏活力但可能只是掩饰的言行提高警觉，对于治疗师而言非常重要。治疗师越是警觉且耐心，就越有可能注意到那些偶尔出现的、患者内心深处那些困扰着他的更有活力、更有意义的感觉和想法。

赫曼（Heimann，1956）讨论了移情诠释的重要性，以及移情诠释的不同价值。现代克莱因学派的分析师们达成了一个共识，认为临床上至关重要的是始终寻找、指出、理解、诠释患者的移情。赫曼（Heimann，

1956）写道，对为什么患者会在幻想中对某人做某些事、随即又因为投射性认同而在移情中见诸行动的原因展开深思是有价值的。她继续说，这种移情诠释工具并不总是可行，事实上，分析师总是受到阻碍。我相信，对于面对激烈而尖锐的移情状态，或者安静柔和的移情状态来说，这种受到阻碍的感觉很常见。

费尔德曼（Feldman，1994）指出了患者是如何通过投射性认同把分析师拉进他们最强烈的幻想中，用不同的方式利用我们来保护他们不去遭受难以忍受的焦虑感。当患者成功地把我们困在这种状态中时，我们可能感到很迷茫，感觉不到移情的发生。我们可能最终感觉自己不能胜任，对患者的拒绝和指责感到很困扰，或者因为分析失败而感到失落。我们可能最终感到尽是各种没有条理的投射，或者因为患者隐藏他们的个人感受和想法而感到空洞。比昂（Bion，1959，1962a，1962b）认为帮助临床医生意识到成为患者的容器的重要性，就好像"六十分妈妈"（曾奇峰对good-enough mother的翻译）对于婴儿的重要性一样。

费尔德曼（Feldman，1994）详述了如何成为患者的一个恰当的容器，包括允许我们自己受到患者在见诸行动和投射的过程中呈现出来的悲痛的影响。我想补充的是，要成为一个恰当的容器，我们必须允许我们自己不知道，但仍旧在我们的前行中不断探索，甚至当我们在投射性认同的反移情中似乎变得迟钝时。费尔德曼（Feldman，1994）写道，允许自己在没有显而易见的见诸行动的情况下卷入活现，并且容许这种移情和反移情过程中诱发的强烈的想法和感受，是何等有用。

我还想补充的是，我们必须学会原谅自己并不是无所不知的，原谅自己不能总是发现移情的迹象，或者总是知道怎么诠释这种移情。这包括接

纳这种抑郁状态的痛苦以及意识到我们自己治疗能力的局限。通过防御性
地逃避面对这种困惑的、受挫的寻找移情的过程，以及找到最好的、匹配
的移情诠释这种艰难的任务，分析师在患者的投射性邀请下与之共谋以维
持（Steiner，2000）这种柔和、安静的移情，而不做出诠释，或者维持
这种激烈、尖锐、混乱的移情，而没有试图探索这种经历当下的意义
所在。

对有意识的幻想和无意识的幻想的持续探究，以及对患者关于除分析
师外其他客体产生的感受和想法的探索，可以逐渐使得真实的移情状况，
或者防御性移情，或者非投射性移情，呈现出来。当忠实地遵守这个临床
方法时，我们通常最终因倾听患者隐藏的东西，而不是他们通过投射去消
除的东西而获益。

第二章　寻找意义：与喧闹/激烈型心智状态

患者的即时移情工作

费尔德曼（Feldman，2004）对贝蒂·约瑟夫的临床方法进行了深入研究，提醒我们去理解患者到底是如何利用分析师，以及回应或者攻击我们的诠释的。一些患者很快就形成了吵闹、激烈、多彩的移情模式，这种模式既可能会促进我们对其的理解，也可能是一种治疗中的绝望挣扎。也有人保持一种安静、柔和的缺少联结的状态。这两种情况都在某种程度上使用了投射性认同，以致分析师可能无法在几周或者几个月内觉察出到底发生了什么。然而，对患者的幻想保持全神贯注，并即时反馈，有利于最终在治疗过程中发现线索、理清头绪。

贝蒂·约瑟夫（Betty Joseph，1989）的核心贡献之一，在于她对克莱因学派理解患者心智方式的深化，她尤其关注如何帮助心理失衡的患者——不管是偏执型患者（Klein，1946）还是抑郁型患者（Klein，1935，1940）——从自身内部寻求安全感和庇护。在我的临床实践中，大多数患者——特别是那些以激烈或静默的移情将我们卷入其内心世界、却更难被理解的个体——往往无法将自己视为安全与慈悲的源泉。与其说他们对自身心理状态、内在冲突或挣扎怀有好奇，并相信通过自我探索可以获得新的领悟、觉察与力量，不如说他们将自己视为一个危险的、需被警惕审视的客体。他们深信，任何自我了解的尝试都将招致愤怒、惩罚、内疚、失败或空虚的侵袭。爱与恨的剧烈冲突扭曲了他们的自我认知，而这种认知本身，往往首当其冲地沦为自我与他人之间爱恨交织幻想的牺牲品。

然而，贝蒂·约瑟夫主张分析师需要持续致力于澄清和整合患者当下的情绪体验，从而帮助他们逐步认识、接纳并重新拥有那些被长期否认的自我部分。通过精准的诠释工作，我们为患者搭建理解自身情感体验的桥梁。在这种高度聚焦移情，且即时分析所有防御反应的工作框架下，分析师不仅向患者展示了自己如何容纳、承受这些艰难阶段的能力，更通过真诚的专业态度传递出对这些体验的珍视——视其为通往学习、成长乃至最终治愈的珍贵契机。约瑟夫（Joseph，1989）认为，这种描述性、参与性和探索性的治疗姿态终将被患者内化。治疗初期，分析师承担着绝大部分促进心理整合的工作；但随着进程深入，患者逐渐成为主导者。唯有到达这个阶段，关于动机和历史影响的诠释才能真正发挥作用。过早的诠释最多只能彰显分析师的专业敏锐，最糟的情况下则可能被患者体验为背叛或攻击。因此，密切观察患者对诠释的反馈至关重要——这是检验我们的干预究竟带来疗愈还是伤害的最可靠标准。

于移情反应强烈而混乱的患者，或是那些情感表达过于含蓄以至于移情线索难以捕捉的患者而言，克莱因学派所倡导的这种立足当下、包容耐心的治疗态度显得尤为关键。

案例

　　萨莉展现出一系列矛盾而复杂的特质：她既苛刻又软弱，消极却深刻，天真率真却又过度轻信他人；她孤僻保守，善于隐瞒，兼具诱惑力与令人反感的气质。她的移情反应呈现出喧闹激烈与混沌难辨的双重特性。经过一段时间的治疗工作，我们逐渐厘清了这种特殊移情模式及其背后的焦虑幻想系统——这一进展的实现，有赖于我始终保持治疗性的反移情姿态：在包容与好奇之间保持平衡，既承诺随着时间推移逐步深入理解，又避免过早期待或放弃。

　　四十岁的萨莉初次来访时充满失落感："我感到生活如列车般呼啸而过，徒留我站在原地，内心空空如也。周围的人似乎都建立了美满的人际关系和家庭，找到了属于自己的幸福。"过去二十年间，她因销售工作频繁更换而辗转全国各地，始终怀揣着"寻找白马王子"的幻想，却屡屡陷入"永远找不到合适对象"的循环。每当对此感到厌倦，她便选择再次搬迁。"如今四十岁的我终于意识到，这种模式不能再继续了。我确实可以继续这样生活，但这毫无意义。我需要帮助，医生！"

　　她的最后一句话是一种强烈而焦虑的移情，也是在向我施压，她希望立即就能获得满足、关心和服务。她是在求助，急切地想要我给出答案，同时满足她对安全的迫切需求。这种对"立竿见影"的期望，似乎希望我能够施展妙手回春之术，驱除所有的不幸，使她瞬间恢复健康，重获新生。我诠释了这种心理状态，但是萨莉说："这当然就是我想要的，我不知道这有什么错。"我回复说她感到沮丧，但她似乎不了解自己内心为什么如此空虚。我说仅仅想要灵丹妙药来消除这些感受，这就忽略了她本身，是没有任何价值的。我认为她的移情是她对自体的拒绝，或者也可能是她记忆中被别人拒绝的投射。我的诠释让她不那么焦虑了，她对了解自己产生了一些感兴趣。

萨莉向我讲述了她的过去和她"目前穷途末路的感觉"有很大关系。她讲述了一个"胖小孩"的成长经历，大家在学校取笑她、孤立她。萨莉说她对自己的外貌并没有不满意，但是别人看她的眼光让她"觉得自己很丑、很崩溃"。在这一点上，她似乎在暗示一种好与坏、内在与外在的分裂。

萨莉有一个关系比较好的女邻居，她常常鼓励萨莉锻炼和节食。但是，这个女人的丈夫对萨莉也很感兴趣。他开始对萨莉展开攻势，告诉萨莉她很漂亮，他爱上她了。萨莉那时 16 岁，而他 30 岁。在后来的三年中，他们发展出了一段地下恋情，并发生了性关系。他花了数小时告诉她他的性幻想、他的婚姻问题、他的私人问题。在这段秘密恋情的第一年，他追求着她。但是，当他们发生性关系之后，他却冷淡下来了，除了上床他似乎并不想和她在一起。萨莉感到被拒绝了，于是开始追求他。她监视他，到处跟踪他，努力想与他联结以感受那种一开始他展现给她的神奇的爱和关注。

萨莉告诉我她一开始对自己也能像上大学的其他同学一样有一个男朋友感到很高兴，后来才意识到这个残忍的现实。事实上，这个男人最后因为和未成年少女发生关系而被送入监狱，显然他这种行为有很长一段时间了。萨莉现在对自己被这样利用和背叛感到很愤怒、很受伤、很羞辱。她认为她的自我形象是一个肥胖的、不被喜欢的女孩，并且这个男人深深影响了她，导致她现在和男人相处时的种种困扰。看上去她似乎具备一种积极且健康自我反思和自我评价的能力，能够从整体上审视自己。然而，这种洞察力很快就不见了，取而代之的是对这些感觉和记忆的更多重现和重演。

在移情和进一步的移情中，我注意到她的情况与我之前提到的那位女士的经历有相似之处，那位女士曾被一位年长男士追求，然后又疯狂地追求对方。就在我对她的感受和冲突表现出一些兴趣后，萨莉立即开始逼问想要"答案"和"解决方法"。她说她想要找到是什么阻碍了她"过美好的生活，就像其他这个年纪的人一样的正常生活"。她告诉我："我厌倦了总是和不成熟的男人在一起，他们内在某处有着各种各样的问题，需要修复。他们并不能正常生活，而我得花时间修复他们，希望有一天他们能够变成自己期待的那样。但这却从来没有发生过。他们永远是那样，而我总是孤独生气。"

我诠释道，她以一种急切且不耐烦的方式叙述，仿佛是在责怪自己的挫败感，或者对我感到愤怒，因为我没有给她她想要的东西。我又提到，她可能因为想要逃避那种迷失和不被爱的感觉而感到焦虑和绝望。这与克莱因（Klein，1928）的观点一致，即婴儿对母亲乳房的抢夺和占为己有的早期原始渴望。然而，这种行为创造了一个破碎且被迫害的客体，这个客体后来内化了这种模式，导致一个循环：不断感到自己是受害者，觉得自己被不公平地忽视，对自我和他人都很苛求，并且不断进行指责自我和他人的投射性认同。

这个循环加剧了偏执-分裂焦虑（Klein，1946），并且阻碍了发展为抑郁心位的正常过程（Klein，1935，1940），这样就有了一种增长的自我感，"我"（I-ness）和"你"（you-ness）的区分（Grotstein，1982）。这种个性化和独立性会随着创造平衡和整合感的自我幻想和客体显露出来。萨莉无法看到这个内在的部分，只能挣扎着去夺取拒绝她、否认她的东西。

一开始几个月，我极力去寻找能够帮她修复、缓解这种"崩溃"状态的答案。我尽力去包容她，没有将我的反移情见诸行动来回应她，并且在治疗时，当我发现她的焦虑和幻想的迹象时就立马诠释给她听。有时，她对待我的方式就像对待一台糖果机，不耐烦地等待着下一颗糖果滚向她的手中。有时，她会请求我结束她的痛苦，帮助她找到继续生活的方式。总的来说，她有着被遗弃的幻想，不知道如何获得她想要的那种程度的与人的联结，并且渴望有一个男人的陪伴。

萨莉的移情呈现出明显的矛盾与反复。她常常在这一周坚定地宣称某个观点，到了下一周却又极力主张与之相悖的看法。当她向我倾诉工作的艰辛——昼夜颠倒、几乎没有喘息之机时，我忍不住追问她为何要固守这种局促而缺乏满足感的生活方式。她的回答却出人意料："我热爱这样的节奏！四处旅行、穿梭于不同的城市、结识新朋友、开拓新业务，这些都让我感到无比快乐。我唯一渴望的，就是找到一个与我志同道合的伴侣，能够理解并共享这种永不停歇的生活方式。"

这是萨莉和我沟通的方式，让我觉得她很肤浅，只追求钱和外表。我将此诠释给萨莉听，并暗示她对更深入地探索自己及她到底想要什么感到不舒服。她说她从来没有仔细想过，她只是随缘找一个有着高收入工作的男人，然后当事情发展不顺利时，她就离开了。事实上，萨莉不停地从一个城市搬到另一个城市。一开始，她带着自豪感讲述这些，并且有些鄙视那些"墨守成规"的人。当她没有找到她想找的、渴望的、梦想的东西时，她基本上会抛弃那些人和那些地方。但是，在她搬到新的地方并意识到事情依旧是那样后，她开始变得失落，感到"内在很空虚"。于是，她对自己"墨守成规"感到生气。

心理分析治疗中产生的喧闹而激烈的移情状态会影响到分析师。对萨莉而言，她似乎将她故事中的"只要事情变得令人痛苦或失望就搬走"的方式投射到我身上，这让我感到有点焦虑和担心，觉得她迟早会发现我根本没用，然后像离开其他男人一样离开我。我将此诠释给她听，萨莉说："我想我已经明白这种不断离开的策略是没有用的。因此，我想我会留下的。但是，当我发现住在这里有多昂贵以及我被困住的时候，我会考虑离开的。我希望我能够搬回去和家人在一起。"她这种渴望回家、去当一个被父母宠爱的孩子的想法出现了很多次，随着时间的推移，我意识到她是真的希望能够回家，重新成为一个孩子，去感受她离开家去上大学前的那种感觉。似乎我们正面临着一种幻想，即理想化的极度幸福的团圆。这种幻想似乎比不得不成长，找到自我，建立一段她不再是受害者、跟踪者或女仆的关系更有吸引力。

当萨莉用这种"现在就给我答案"的绝望、逼迫的方式来向我求助时，我感到焦虑不安。一度，我感到很急躁，想要告诉她冷静下来。有趣的是，我被迫忽略她，并告诉她，她的焦虑很让人很急躁。然而，通过涵容以及反移情来探究这些，我逐渐发现，她急迫地吵着寻求帮助是她让自己陷入空虚绝望的部分原因。某一刻，我说道："你听上去急需帮助。你希望我现在就帮你，立马告诉你到底哪里不对！但是，你究竟知不知道你想我帮你做什么？"

　　我正针对萨莉这种急切渴望获得什么，却又不清楚自己真正想要什么，为何想要，以及得到后可能面临什么的状态进行面质。萨莉低声回应道："我只是想让自己好受些……不想再这么痛苦了。"说完便陷入沉默。我温和地解释道："你如此迫切地想要逃离这种虚无和孤独，以至于希望我能立刻给你某种解药来填补它。但问题在于，我们甚至还不清楚这种空洞感究竟是什么，或者这种痛苦的根源在哪里。如果仅仅是把一种痛苦替换成另一种，我们就忽略了你自身的体验，以及你内心真正发生的事情。"我停顿片刻，继续道："假设我们发现你内心有一个空洞，并急于用各种方式去填满它，可能在短时间内你会感觉好一些，但那个洞依然存在。或许，我们更应该去探索这个洞是如何形成的，为什么至今仍留在那里。只有这样，我们才能真正明白该做什么——或者不该做什么。"

　　在我的诠释中，我充当了她焦虑的一个容器，指出了一个新的方向——不是寻求暂时的掩盖或转移注意力的方式，而是共同寻找那些真正经得起考验、能够带来深层治愈的答案。然而，这种强烈而绝望的动力在激烈型移情状态中很常见，会激起分析师强烈的、情绪化的反移情反应，使分析师陷入投射性认同的漩涡中，在这种状态下，分析师可能会急于见诸行动——快速向患者给出答案、制订行动计划、给出建议、开药方，或者做出过于急躁的诠释。

　　萨莉的复杂性在于，她会通过突然地转换立场来制造混乱。例如，她会绘声绘色地描述她如何渴望旅行、享受快节奏的生活，以及邂逅一位同样忙碌且富有的律师或医生——他们晚上共进晚餐，次日清晨匆匆告别，各自奔赴重要的商务会议。起初，我对这个故事的反应是轻蔑的。我觉得萨莉很天真、愚蠢且贪婪，似乎只追求即时的、肤浅的满足。然而，后来我意识到这更像是一个孩子或不成熟的青少年对成人世界的幻想。尽管这种幻想单纯而可笑，缺乏深度且不切实际，但却是一个孩子对未来令人兴奋的事情的真诚渴望。

在这一点上，我被带回了她早先和无良邻居的性关系经历上。从萨莉的回忆中，似乎他想假装他们是一对正常的情侣，两个年轻的恋人。她对此也很喜欢，想要和他一起假装，并寻找这种理想化的情侣幻想以及他的完全的接纳和关注。然而，不久他就对她表现得没兴趣了，使得她反过来追求他。那时，她感到被拒绝、被忽视，除了他想要和她发生关系的时候。所以，大多数时候萨莉不得不追求他，并最终感到不被需要、不再重要了。

这种突然地转换立场的方式出现在萨莉和我的交流中。在那次她告诉我她喜欢这种忙碌、快节奏、有很多重要会议、经常旅行的生活后，她走进诊室，看上去很疲劳，告诉我她"厌倦了到处飞，活在手提箱里"。现在，萨莉说她已经疲惫不堪。我诠释说，可能她尽力用这种躁狂的方式让自己感到快乐，将自己视为成功而重要的人物，而现在她在真正面对自己的内心和需要，所以感到疲倦而孤独。我也提醒她这也和她的移情有关，因为她的某些旅行干扰了我们的治疗。

她说："事实上，当我不在这里的时候，我也会独自思考，领悟到不少东西。我开始明白过去的经历是如何影响我现在的生活方式的。"她继续分享了一些重要的思考和洞见，显示了她并不总是天真、贪婪的幻想者。我想这是一个重要的标志，展现了萨莉作为女性的另一个面向：聪慧、独立，具备自我觉察和成长的能力。我告诉了她这些，还说她有能力在不放弃她的自我的同时，寻求支持，这两者并不矛盾。

萨莉回答说："也许吧。但是，我不认为我有能力对与我约会的人也这样做。事实上，我还在和这个我视作好朋友的衰人联系。"萨莉指的是一个相处了一年却让她失望的男人。他是一个酒保，她觉得如果她尽力帮助他，他就会有动力回到学校，然后找一份更好的工作，并且成为一位她能够信赖并仰慕的男朋友。但是，在尝试努力改造他一年之后，她感到很生气、很挫败，因为他依旧是那个"衰人"。

我很震惊，这个男人看上去在很真诚地照顾她、花时间陪伴她，但萨莉对他不能变得"更完美"感到失落，更完美意味着有更好的工作、做出承诺，等等。尽管她之前就威胁要离开他，但她至今没有和他分手。

我诠释道，她把男人分为她自己认为配不上的"完美"的类型，和有问题的、需要修理的类型。后者让她觉得舒服、能够信任，但最终却会对他们失望、感到自己被背叛。我诠释了她把人分为拯救者和被拯救者，以及从希望把对方变成理想化的、完美的转变成感到自己被占便宜了，而对方依旧是有问题的坏客体。她的联想导致她谈论的是她自己的内疚，而不是放下这个有问题的男人，因为她认为自己有问题，以致觉得自己配不上完美的人，因而对自己无法再找到更好的男人感到害怕。

我诠释道，她希望我帮助她找到这个完美的客体，但是最终只可能是我自己也成为另一个令她失望的人，因为她所追寻的理想化客体根本就不存在。事实上她抗拒向我展示真实的自己，不愿意与那个自我创造的完美形象进行斗争，实际上这个完美形象是她自己，而不是拯救者和拯救行动的混合体。这导致她觉得和这个男人在一起的经历是如此重要而令人宽慰，尽管他并不是她想要共度一生的人。通过丢弃与他在一起时让她感到真正被理解了的敏感而有价值的时刻，她让自己成为一个空虚的外壳，寻找转瞬即逝的快乐。

萨莉回答道："我很难单纯地接受他的照顾，我总担心会永远困在这种令人失望的关系模式里，所以忍不住催促他尽快给予更多。"

萨莉始终致力于寻找一个"完美"的对象。有次，她走进诊疗室，兴奋地告诉我她因为在工作中遇到了一个"看上去受过良好教育的、富有的、有趣的男人"。对方提议共进晚餐，并分享他珍藏的特别红酒。但随后又表示餐厅开瓶费过高，暗示不如改在萨莉家用餐以节省这笔"不必要"的开支。

现在，当萨莉告诉我这些的时候，我注意到她并没有对此起疑心。我觉得他在这种情况下提议到她家用晚餐是一个糟糕的信号，因为她说过他很有钱，所以不该在乎开瓶费。用这种方式去萨莉家貌似是非常牵强的诡计，而且有点卑鄙和吓人。在我的反移情过程中，我惊讶于萨莉是如此的愚蠢、天真，我真想告诉她快醒一醒吧。

我用这种感觉去试着更多地理解萨莉是如何和她的客体相处的。在深思了这件事后，我向萨莉诠释说，她对这个男人抱有很高的希望，希望他能证明自己是"完美人"而不是"衰人"。她说："我只是和他随便吃顿饭，喝点酒。我们到时候再看吧。"在这一点上，我搞得自己像是她的父亲一样干预她的事情，警告她要怎么和这个男人相处。似乎由于她急于获得更多的渴望，因此她失去了如何分辨的常识，而希望我是那个有常识的人。我试着更好地涵容、理解这种投射性认同的动力，而不是将之活现。

为了这样做，我不得不专注于我对萨莉如此想要一个理想化客体以致她似乎将自己置于牺牲的圣坛上的反移情反应。我很好奇这是不是她青少年时期和那个男人在一起的经历的重复。当她下一次治疗回来时，萨莉告诉我她"对最后事情的发展感到很震惊"。当这个男人来到她的住处时，他喝了很多酒，后来喝醉了，并试图和萨莉发生关系。她不断告诉他已经很晚了，明天她需要早起。最后，这招奏效了。她为他叫了一辆出租车，他却说自己忘记带钱包了，所以她不得不为他支付打的费。

萨莉哭了，她说："我简直不敢相信他会这么做。我以为我们只是一次普通的朋友聚会，但他却认为这是一次约会，还会一起睡觉。我到底哪里不对劲，为什么总是会遇人不淑。"

我诠释说，也许是因为她太渴望他就是那个"完美"的人，以致她很快就忽略了那些表明他其实并非如此的迹象。她宁愿赌一下他可能不是他看上去那样，或者她能够将他变成她想要的那样，而不愿意去意识到他其实给不了她她渴望的那种爱和关注。

萨莉回答说："我想我这样真的很愚蠢。我完全忽略了这一点。与此同时，他确实说了是因为餐厅昂贵的开瓶费。"我说："你希望我是那个有常识的人，指责你没有意识到他要么很穷，要么只是找个借口在第一次约会的时候就到你家。听上去你想要我成为理智的声音，并且保护你。"

萨莉回答说："我是有责任的。我如此兴奋于得到我想要的，以致决定赌一下。"我说："停下来看一看你自己学到的东西并真正拥有它们是很困难的。但是现在，在这一刻，你意识到你在这些事上更理智了，这意味着你不必再觉得自己是衰人的受害者了。"她说："等着看吧。"在这一点上，她突破了原来那种剧烈的渴望、否认、投射，并且能够自己决定如何控制客体，以及决定控制的结果。她突然间有了更多的自由和自主权，而不用成为受害者和孤独的人。

从汉娜·西格尔（Hanna Segal，1983）的观点以及她对克莱因技术的贡献来看，萨莉经历着无法爱自己以及允许自己被她的客体爱的自恋冲突。同时，她掩盖了她值得拥有爱，以及她的客体有能力给予她爱的事实。所以，出于对这种匮乏的报复，她找到了这个理想化的能给她幻想的客体，这种幻想是她所记得的和家人、朋友在一起时的"总是关爱、接纳、支持"的感觉。正如西格尔指出的，自恋的患者通过投射性认同和分裂，想要去控制、拥有、创造一个既理想化又低级的客体。萨莉总是在近乎狂喜的时候又突然感到失望。

克莱因技术包括了当患者在这些不清醒的妄想和抑郁的幻想中循环往复时和他们进行封闭的诠释性互动。萨莉的案例展现了这种激烈的、粗糙的、吸引注意的、分散的、没有涵容和整合的移情。因此，分析师会感到他们正被带入一个多姿多彩的过山车之旅，却不知道目的地在哪里。

萨莉长期受困于特定的投射性认同和分裂机制，这使得她在分离情境中持续面临心理困境。她呈现出与渴望客体分离的典型困难：总是深陷被背叛、被遗忘的恐惧中，仿佛被幻想中那个既能带来神奇慰藉却又遥不可及的"乳房"所隔绝。这种原始焦虑不可避免地投射到治疗关系中，使我时常体验到相应的反移情反应。值得注意的是，当萨莉因工作冲突或旅行缺席治疗后，她总会带着新的"领悟"回归："通过这段时间的独自思考和与朋友的交流，我获得了重要启发。"她坚信这些缺席期反而让她收获了新鲜而有价值的洞见。

她接下来告诉我的真的很重要，并且显示了她没有攻击她自己，她有了一些进步和独立的思考。但是，感觉似乎不是因为我而得到的。我感到被遗忘、不被需要、没有价值。我试着感受这些感觉，而没有将它们见诸行动，尽力去理解这种似乎是对分离和丧失的躁狂反应。

布伦曼（Brenman，1982）说患者有可能会见诸行动，可能会感到极为嫉妒，可能会用否认和急躁的攻击来应对失去的客体。萨莉正试图离开这个照料了她一年，自己却想要改变他的男人。当她拉开两人的距离，或者当他一周都没有给她打电话的时候，她感到很失落、很嫉妒。尽管她发誓她不想和他发展下去了、"不想和他上床，因为他可能已经在和别人约会了"，她还是会去检查他的手机看看有没有别的女人的信息。当然，当他回来关心她的时候，她拒绝了他，觉得自己被利用了，感到很窒息，但同时又有一些心软，虽然他只给予了她一点点关心和支持。

萨莉很多次提到了想要搬回那个她从小居住的、父母现在依旧居住的城市去。她太渴望"温暖的家乡，以及那里的人们如何理解她，她的家人如何爱她"的感觉了。但是，她不认为她能够真的回去，因为那个年长的、因和未成年少女发生性关系而坐牢的邻居现在已经被放出来了，依旧住在那里。萨莉很害怕他可能会对她做些什么，她也会担心如果看到他，她可能会出于愤怒而伤害他。所以，又一次，她理想化的和家乡的重聚变成了悲伤的、被迫的分离。她不断经历着这样一种循环，先是追求理想化的同盟关系，而接着又因为拖累她的坏客体而感到失望，同时又感到其他所有人却似乎都过着美满的生活。

费尔德曼（2004）所阐释的贝蒂·约瑟夫的理论强调，治疗师需要敏锐地评估并理解患者在治疗互动的每个当下是如何"使用"治疗师的，即患者如何将治疗师塑造成其内在世界的特定客体。患者的即时防御心理、焦虑以及满足欲望及需求的模式，都生动地体现在他们与治疗师的距离调节中，体现在对治疗诠释的接受或抗拒中，更体现在整个分析关系的动态变化中。同样，贝蒂·约瑟夫也特别提出评估患者对一个关爱他、支持他、善于促进改变、学习成长的客体的接纳度至关重要。我们的大多数患者都在极力抗拒这样一个既具挑战性又具疗愈性的客体，尽管他们又会为这种客体的缺失而哀叹。当这样的客体真正以治疗师的身份出现时，患者常常因恐惧、嫉妒或厌恶而选择逃离。萨莉与男性客体的互动模式，恰恰体现了这种对支持性客体既渴望又抗拒的矛盾心理。

在和萨莉讨论"红酒事件"后，她又谈起了家乡，当萨莉离开我的办公室时，问我："你喜欢红酒吗？"我问她在想什么。她说："我只是在想，如果你喜欢红酒，也许我下次来的时候可以带一瓶给你，因为我告诉过你我从我哥哥那买了一箱。如果你愿意的话我们甚至还可以做一个交易。"我很吃惊，感觉被侵犯了，就好像她想要引诱我，攻破我的边界。这与之前那次约会的情形如出一辙。萨莉向我详细地讲述了这个男人是如何喝得烂醉、多次试图亲吻她、一直在喝她从她哥哥那买来的酒，做了"很过分、很越界的事"。

我觉得萨莉在营造同样的局面，只不过现在她是那个迫害者，而我是受害者。正如我原以为她会利用投射性认同让我充当理智的声音和父母式的保护者，阻止她与这个男人接触一样，我现在觉得她在邀请我成为有边界的、值得信任的父亲，来替代那个猥亵未成年人的男邻居。我也记得萨莉曾经说过她因为太激动、太急迫地想得到她希望得到的东西，以致会抛开自己的知识和自我约束。她用她对自己和别人的尊重来换取获得理想化爱情和完美关注的机会。

我诠释道："你似乎将那个男性互动中的模式投射到了我们的治疗关系中。红酒作为友好馈赠，既表达了你对更亲密联结的渴望，又像是在试探治疗框架的边界——你似乎在期待我做出越界举动，或是反过来强化这些界限。"停顿片刻后，我继续道："我注意到一个值得探讨的现象：你是否认为唯有让自己处于风险位置，或是刻意忽略专业边界，才能真正拉近我们的关系？"萨莉恍然大悟，说："噢，我明白了……所以您认为我们不该进行这种'交易'？"此时治疗时间已接近结束，我回应道："我观察到你在人际关系中这些精微的互动模式——包括如何建立联结、如何从中学习——这些都很值得深入探讨。让我们下周继续这个重要的话题。"

可预见的是，她再也没有提起这件事，直到我提起来，并且她说她不认为这样有什么错，但是"如果这是我的规则的话，她能够理解"。我询问她是否会因为我阻止她用这种方式亲近我而感到被冒犯。萨莉说："我猜我只是不确定你是如何设定规则的。我想要询问你的假期、你上周去了哪里。我希望你过得很愉快。也许你和我一样喜欢去海滩。但是，我没有问，因为我知道这些规则阻止你回答任何关于你自己的事情。"我说她似乎希望我们是类似的、有共同兴趣爱好的。我又问她是怎么想到"规则"的，因为我从来没有提到过这些。萨莉告诉我她只是假定会有这样的规则，所以她没有问起。

然后，萨莉说："我上一个治疗师拥抱我，并且我们谈了很多他自己的生活。他告诉我他不幸的婚姻，以及他平时是如何消遣的。"我问她是如何回应的。萨莉告诉我："一开始，这很让人兴奋、很有趣。我感到自己坐在第一排观看他的个人戏剧。所以，我想我忽视了哪里有点不对劲的感觉。但是，几次治疗后，我感觉他应该对向我哭诉而给我付费才对！然后，他开始在每次治疗结束后拥抱我，这感觉不错，但是我真的不知道这和整个治疗有什么关系。所以，在六次治疗后，当他只是不断谈论他自己糟糕的婚姻并给我大大的拥抱后，我就不再去了。"

我说："那么，你喜欢那种观看分析师的个人戏剧的感觉，但是之后又感到被利用，很空虚。也许我们没必要那样做。也许我们反倒可以理解你确实想要改变，然而那种旧有的兴奋感却阻碍了改变的发生。"萨莉说："我同意，我们什么时候开始？"我说："你忽视了我们从一开始就在这样做的事实。当你这样做的时候，把我们变成了破碎的、徒劳的组合，而不是相信我们是好的组合，或者是正在被修复的组合。"她回答说："我懂了。"

然后，我诠释道，她似乎试图把我看成没有规则的人，所以有了红酒这一出，想用红酒来交换治疗，以及她时不时展现出的友好的天性。但是，我补充说，她似乎又很高兴我不得不遵循"规则"。萨莉告诉我："我想我明白你的意思了。我想要找到一个能给予我所有我想要的东西的男人，结果却打开了闸门，鬼知道滚滚而来的是什么！"萨莉允许自己花点时间去领悟，并且允许她自己用一种新的、不那么扭曲的方式来审视自己和她的客体，这样就产生了一些洞察和疗愈。

在治疗的前三个月中，对于萨莉究竟怎么了以及她的移情和幻想的类型是什么，我经常处于一种困惑的状态。这对于那些展现出激烈型移情的患者来说很普遍。然而，通过使用克莱因的技术，并且遵循贝蒂·约瑟夫的原则，即密切关注每次治疗中即时的互动，我开始能够对萨莉究竟在与什么进行斗争有了大概的了解。对于她是如何与自己、与她的客体联结的，以及她的焦虑和渴望是什么，我产生了两个临时的印象。

我认为萨莉不断地在寻找一个理想的、周到的、愿意修复她和照顾她的男人。为此，他必须是一个能让她以一种特别的方式仰慕、欣赏、尊敬的人。但是，萨莉的需求、渴望很强烈，她非常渴望获得这些，同时又对自己是否配得上而感到内疚，因为她感觉自己是破碎而丑陋的。

这种自我憎恨被投射出去了，她原本以为自己身心俱损、急需被修复，结果却发现自己在寻找那些看起来也处于崩溃的边缘、需要特别的关注，以及亲密依恋的男人。这样，这种被关注、被爱，以及可以从一个肥胖的、破碎的、不被喜欢的女孩变成一个强壮的、可爱的、重要的女人的诱惑太大了，以致她因希望立即获得她所渴望的，而使得自己评估他人的常识和能力受损。

这种动力似乎与另一种更深的、使得她的移情更丰富的幻觉交织在一起。我对萨莉有一种这样的感觉，尽管她在这段短暂的治疗过程中从来不曾提及，那就是她希望她的父母能注意到有些事情不太对劲。萨莉从来没提过，我也从来没有这样想过，直到治疗进行了几个月后。这是一个显著的空白点，是她无意识中感到，但却因为它所引起的强烈感觉而不想暴露的。

我认为她时常希望有人，一开始是她的父母，现在是她的分析师，能够注意到她正处于危险、有害的情境中，并且警告她、拯救她，或者保护她。但是，为了等我介入去给她建议、保护她，她不得不变得脆弱，成为一个潜在的受害者，希望得到陌生人的仁慈。但随后通过投射性认同，那些善良的陌生人的幻想变成了一个不友善或不可接触的陌生人。

这和移情中的另一层面交织在一起了。在移情的这一层面中，掠夺者和受害者的角色来回地投射到她的客体身上，包括她的分析师。萨莉会是苛刻的，"我现在就想要答案"，"我立马就要一个时髦而富有的男人"，会鄙视她所约会的男人以及治疗进展缓慢的分析师。她是那种强硬的，精力充沛的，知道如何有力地谈判、推进会议，同时创造名声，感觉自己很强大的人。所以，这样来说，我成了受害者——那个治疗进展缓慢而衰弱的男人，而她则是掠夺者、主宰者。

然而，萨莉依然因为青少年时的那个男人，因为那些她作为一个成年人约会过而没有给予她所需要的东西的男人，以及因为她那无法足够快速给予她建议来结束她的痛苦的分析师，还因为这种要求女人成为独立自主的女强人的文化而感到自己是个受害者。

慢慢地，我们正向着理解和治愈的方向行进。对于萨莉这类呈现强烈、时而令人不安的移情反应的患者而言，治疗过程往往充满挑战。这种移情既难以准确定义，也很难处理。分析师若过早或武断地对其进行定义，反而容易陷入概念化的陷阱。通过这种审慎的态度，那些看似微小却扎实的分析工作，反而能够渐进地揭示那些模糊而复杂的心理主题。

比昂对克莱因的投射性认同理论进行了重要发展，特别强调了容器功能在分析情境中的核心地位——这对治疗萨莉这类困难患者尤为关键。萨莉的困境部分源于其脆弱的自我涵容能力：她不仅持续削弱自身的涵容功能，还将涵容责任完全外化于他人。然而，这种外化终究是短暂且不稳定的，她很快就会拒绝客体的涵容作用，转而寻求一种更为原始且急迫的与他人联结的方式。

斯坦纳（Steiner,1998）在探讨投射性认同的临床意义时指出，虽然这一机制本可作为沟通手段，但在更严重的病理状态下，患者会将其异化为攻击、摧毁或控制客体的工具，从而引发强烈的反移情反应。当萨莉将其特有的"掠夺者/受害者"关系模式投射到治疗关系中时，这种破坏型动力与她内心那个支离破碎、渴求救赎的部分相互纠缠，常常激起我强烈的反移情冲动——几乎要脱口而出："你这个执迷不悟的人，快清醒过来面对现实吧！"

现在，我明白了为何在她眼中我既是那个攻击弱者的强势的欺人者，又是睿智、给她引路、启发她、保护她的家长。不过，这种从温和仁慈的人到恶毒的人的转换是她与自己、与他人联结的方式。在试图于当下的治疗互动中逐渐理解萨莉的幻想，并诠释它们的过程中，我向萨莉提供了一个可以发展象征性功能，而不是具体的见诸行动的机会。我们的目标之一是建构思考和理解。

克莱因学派的涵容理论指出，患者在治疗过程中可能会以各种方式"考验"容器客体——包括试图溢出、污染甚至摧毁这个容器，而全然不顾容器本身的承受限度。如果分析师被动地承受这些攻击和贪婪索取，患者最终将内化一个受损的、功能失调的容器形象——这个容器既无力自我保护，也无法提供真正的涵容功能。通过有意识地设立专业界限，分析师实际上在示范一个既坚韧可靠又充满关怀的容器：能够维护自身的完整性，要求应有的尊重，同时依然保持开放和接纳的态度。因此，当我对萨莉关于红酒礼物和交易的提议设立界限时，我实际上是在对她的诱惑性－攻击性移情说"不"——拒绝重演她在青少年时期被利用的经历，也避免重复她成年后的人际模式。我努力成为一个新型的容器：既能守护专业框架的边界，又能持续提供治疗性的抱持；既不会因报复冲动而攻击她，也不会因自怜或怨恨而退缩。

雷（Rey,1988）在其研究中指出，患者往往会将受损的内在客体带入治疗情境，试图通过治疗关系寻找修复这些客体的可能性，从而消除对他们的伤害。患者希望我们能拯救或者修复这些被损坏了的、奄奄一息的客体。他们仰仗我们来完成修复工作，因为他们觉得找不到修复其客体的方法。萨莉感到被破碎的客体们围绕着，而她被迫要去取悦、治愈、迎合这些客体。这种原始内疚具有迫害性，不仅限制了她的人格发展空间，也扭曲了她对客体差异性的认知。她的内疚使她不得不幻想奇迹出现，她的客体能够起死回生，并成为她梦寐以求的男人。然而，这从来不曾发生，于是，她感到很生气、很受伤，并去寻求更好的客体。而这最终会让她再一次感到内疚，并确信自己是没有价值的，不值得拥有任何东西。

斯皮利厄斯（Spillius，1983）在临床理论研究中指出，梅兰妮·克莱因曾创造性地运用弗洛伊德的死本能概念来理解患者的深层心理动力。克莱因学派分析师特别关注患者如何因存在性嫉妒（existential envy）和对生命流动的恐惧，而持续攻击自身生命活力与内在好客体。斯皮利厄斯进一步阐明，这种死本能驱力往往构成破坏型投射性认同循环的核心动力机制。我认为这正是萨莉内心冲突的本质所在：她首先将内在客体投射为濒临死亡的存在，继而感到必须承担起拯救者的使命；其次，她又因被迫与这些"垂死"客体绑定（而非拥有他人看似完美的客体）而陷入暴怒。这种矛盾形成了恶性循环——她既无法真正修复这些被投射的垂死客体，又无法摆脱拯救者的枷锁，最终导致持续的自体耗竭。

西格尔（Segal，1993a）也说起过死本能概念在临床中是有用的。她扩展了弗洛伊德和克莱因的理论。她阐述了人类是如何从出生开始就有了一些需求，而这些需求从来没有像我们希望的那样理想化地、迅速地被满足。我们力求使自己的需要获得满足，同时接纳伴随着这种追求而来的挫败、丧失、内疚、冲突以及焦虑。这就是生本能，它会导致寻求客体，去爱、去照顾其他人。或者，我们试图掐灭我们自己的需求，也掐灭我们客体的需求。这就是死本能，它会导致侵略行为、因嫉妒而产生的攻击行为、退缩，还有回避。

戈尔茨坦（Grotstein，1977）发展了死本能的理论。他认为死本能可以是生理预警系统的一部分，当遇到掠夺者/受害者处境的时候能够帮助个体。个体有一种内在的预警系统，能够通过攻击威胁者来保护自己或者其他人，尽管看上去是出于自身的意愿。换句话来说，死本能能够协助保护我们自己以及我们所爱的人。在病理学中，它成为追杀我们或者我们所爱之人的刺客，为的是消除所有被感知的错误和预测到的威胁。

戈尔茨坦（Grotstein，1985）继续说，死本能会创造出一种急于去保护、去修复的推动力来驱赶坏客体，以便于回到好客体身边。这对于母亲或者分析师来说是一个信号，要去介入并协助婴儿或者患者摆脱坏客体，以使得他们能够和好客体再次联结。通过这些方式，萨莉似乎依赖于死本能来沟通、维护并攻击自己和她的客体，当他们没有达到她的标准时。在激烈的临床治疗过程中，这些标准正是我试图去更深入理解的。

与其揭露患者最深层的、令人不安的无意识冲突，不如揭露最近发生的，有着意识层面、前意识层面以及无意识层面这些组成部分的焦虑，并且要在这种焦虑显露在当下的、此时此刻的移情和幻想中解读它。这种对当前的聚焦能帮助患者创建分析性联结。

在最近的一次治疗中，萨莉告诉我，在去好莱坞参加了一个朋友的婚礼后，她是如何充满希望地回到家，并准备去"好好生活"的。她描述了她是如何感到"终于找到了一个人们都很喜欢我、天气也很不错、环境也很好、男人也对我感兴趣的地方"。她说："邻居们很好，租赁市场更好，海滩棒极了。我能融入这里，并且每个人似乎都很成功，也很幸福。"

在反移情中，我感到自己对萨莉有一种鄙视之情，鄙视她如此肤浅和天真。当她开始谈及要搬去那里，以及"终于找到了一个人们都很喜欢我、天气也很不错、环境也很好、男人也对我感兴趣的地方"时，我发现我自己感到有些生气，感到自己被丢在了一旁。她已经找到了她的问题的答案。它不是内在的，也不是我们的关系范围内的。它是外在的，在好莱坞等着她。我认为她正在扼杀让她空虚的存在变得鲜活的机会。由于去面对她内在的冲突太让人害怕了，并且人与人的关系又是如此不可预测，以致她宁愿选择一个虚假的面罩，在这个面罩下外部因素可以使她感到有活力，她那疯狂的渴望似乎不会破灭。

在治疗的这个阶段中，我对自己的反移情状态留心观察着。因为反移情不仅是理解投射性认同过程的基本工具，也是使得涵容和活现保持平衡的方法。这些是皮克（Pick，1985）对于克莱因反移情概念的部分观点。反移情对于整个分析治疗过程而言是不可避免的、通常很有用处的，甚至是至关重要的一个因素。

于是，当萨莉提起她的新"地方"时，我说回到家乡这个不尽如人意的地方，回到我和其他男人身边一定很让她失望吧。她说:"嗯，我很高兴再次见到你，但是当我去看望奥斯卡（一个她试图与其分手的男人）的时候，我感到很震惊。他现在和其他三个荒诞的室友住在一起，我觉得他们都是酒鬼。我从来没有去过那里。当我进去的时候，整个地方都散发出酒和烟的臭味。他的房间是一个发臭的、肮脏的垃圾桶。他的床垫上居然没有被单! 我受不了了，我简直无法相信我居然爱上过这个男人! 他显然对生活没有上进心，也无处可去。我在他身上浪费了太多时间。不过，这倒是一个很好的警钟。压垮骡子的最后一根稻草是我们在一起的另一天。

我们没有上床，因为我不相信他没有拈花惹草，他身上可能会有病菌。但是，当他早上起床时，他想在我的洗脸池中洗他的衣服，因为这是他仅有的衣服，而它们脏了。我感到很惊骇。"

我诠释说，即便他似乎很失败，但仍旧有一些令人舒服的、诱人的东西使得她不断被吸引回来，并且她很难弄明白她真正想要的是什么、她该做些什么。在这一点上，我诠释道，当投射性认同被过度运用时，客体就好像是患者内心世界的储藏室一样被需要着。由于强烈的投射，两个人之间的联结变得更加戏剧化。我说："你真的在某种意义上是需要他的，但同时也因为对他的认识而感到陷入困境。"萨莉开始哭泣了，她说："放下太难了。我确实在某种病态的意义上需要着他。如果我甩了他，我会因为他流落街头或者其他情况而感到内疚。但是，更糟糕的是，我害怕又变成单身、孤独了。没有人喜欢我。我觉得自己很胖、很丑。永远不会有人喜欢我的。"

我诠释了萨莉为什么需要一个坏客体、一个出故障的客体来作为道具让自己感到更优越，照顾他直到恢复健康，就好像她希望自己被拯救一样。她觉得这个出故障的客体就像她自己一样好，于是她依附于他，尽管很快她就觉得这种特别的魔力和关注消失了。她宁肯与坏客体联结，也不愿感到漂泊无靠。萨莉回答我说，她会甩了他，但是她无法忍受让他和另一个女人在一起。她说："我不能忍受他和其他人上床的念头，所以我需要让他在我的视野范围内，即便我觉得他很恶心。"她又说，她对青少年时期的那个男人也是同样的感受。她恨他已婚的事实，还恨他和其他未成年少女上床的事实。

在此，我认为萨莉正在描述她与嫉妒的斗争，以及随之而来的对客体之爱的绝望渴求——这种爱似乎只愿意以施虐性的、有条件的方式给予。她对客体的控制欲和占有欲，既是为了抵御偏执性的丧失感与荒凉感，又与死本能的原始驱力相结合，共同构成了一道压抑的"玻璃天花板"——在这之下，她只能获得爱的碎屑与残片，却永远得不到完整的一盘。带着这些理解，我诠释道：她需要将男人紧紧拴在短链上，以此获得所有权，避免失去她的伴侣。

　　萨莉回答道："我活着就是为了等待奥斯卡难得的清醒和体贴的那些千载难逢的时刻。我等待着那样的时刻，那就像美妙的魔法。"我诠释道，她觉得必须将他拴住并控制在自己手中，这样她才不会错过那些美妙时刻，才能及时享用。但事实上，被拴住的却是她自己——孤独地守候在那里，等待着那个鲜少出现的清醒体贴的男人。她泪流满面地说："这样的等待是值得的！"在此，我认为她展现出了克莱因学派所描述的生本能与死本能之间的冲突。她通过自我束缚扼杀了自己的生命力，抑制了成长、差异与改变，只为了在这破碎垂死的客体废墟中寻找一丝生机。

　　萨莉继续说她相信搬去好莱坞是她所有社交问题、经济问题、情绪问题的解决办法。她说："我意识到我所有的问题都是地理性的，不是心理上的。"我再一次感到被丢弃、被贬低、被遗忘。我很疑惑，为什么她会如此迫切地想离开我。于是，我诠释说她害怕面对和我一起将会发现的内在的东西。我说，她对于"痛苦、抑郁、居住在这个偏远的城镇、那些她从不想交朋友的肤浅的人"的描述是她内在混乱的反映。所以，她正在通过好莱坞这种外在的魔力，以及她想象中的爱来逃离她内在自我感到的痛苦和焦虑。她正在逃避和我一起去面对自己的焦虑。取而代之的是，她逃进了对于好莱坞的幻想中，幻想着在那里的每个人都很优雅、很幸福。萨莉在一种具体的层面上回答我说，那里房价更低、天气更好。

在这个阶段很难判断这样的案例会如何发展。萨莉可能会真的立马结束治疗，搬去好莱坞寻找这种魔力。她也可能继续治疗，但用这种她在移情中已经建立的顽固而激烈的方式来拒绝处理她内在的斗争。又或许，她可能结束治疗，继续着目前这种让她觉得被困的不愉快的生活。这是处理边缘性人格和自恋人格患者的过程中，分析师必须面对的未知因素之一。这些患者有着激烈的、分散的、被投射性认同动力凸显的移情。

正如本章所说明的，最好要对显露出来的临床素材以及移情的热点保持密切的关注。评估反移情完整的本质，并用它来指导诠释，这样有助于处理这类患者在投射性认同过程中的侵略性行为。在处理这种激烈但分散的移情状况时，整体上不够明朗是很常见的。

在焦虑的时候，分析师很容易急于下结论。但是，如果我们能容许自己不知道我们正在往哪里去，而只是尝试去理解当下正在这个屋子里徐徐展开的、伴随着移情的情形，我们是可以给患者带来一定程度的、渐进的领悟的。当下的临床时刻往往是最复杂、最令人困惑，但有时也是最有价值的、能促进理解的切入点。

第二部分

献给"他者"的礼物：慷慨、原初愧疚与自我防御

第三章　施与受的病理性视角：

偏执/抑郁谱系中的冲突

　　本章所阐述的心理分析治疗方法建立在梅兰妮·克莱因对婴儿期精神发展，以及随之而来的个体内在自我和他人之间无意识冲突的理解的基础之上。她通过自己对婴儿和后来的成年患者的研究扩展了弗洛伊德的学说。克莱因阐述了出生后最初客体关系的自然发展，强调了自我是从一开始就与客体联系在一起的。克莱因认为生本能和死本能这种天生的力量能够促进现实原则的健康发展，或者能够抑制、扭曲这些努力。爱、恨、对于知识的渴望是形成所有对自体和客体的看法的核心精神力量。围绕着这些，成长性和病理性问题出现了。

　　克莱因列出了可预见到的发展中的冲突，当聚焦于偏执－分裂心位（Klein，1946），就强调分裂、害怕迫害和湮灭，当聚焦于抑郁心位，则强调害怕伤害客体、渴望修复。投射性认同是处理这些内在冲突的最重要的方法。这种精神动力能够促进并加强健康发展，或者阻碍、毁灭、病理性地加速精神成熟过程。婴儿情绪成熟的质量和速率受到强大的冲动性、体质因素、外部生活环境的影响。消除这些障碍的是爱、内疚、创造力这些重要力量。爱和内疚推动自我去寻求修复自身和客体的损害，并创造新的、改善了的客体关系。新的、更好的客体被找到，更健康的解决内在冲突的方法被建立。再次强调，投射性认同对于过分的、不正当的、毁灭性的客体关系来说是最重要的工具。此外，其对于成长、治愈来说也是最重要的工具。

自然成长和平衡的外部干扰来自缺乏与重要客体在一起时的好经验，比如父母、兄弟姐妹；或者来自对内在好客体的过度嫉妒或者攻击这样的内在运作过程。最早的焦虑出现在偏执-分裂心位。在这种状态下，世界被坏的、迫害性的客体支配着，这是由于对痛苦和攻击性的强烈保护。这可以经由分裂、希望与完美的好客体联合来平衡。按照正常发展的进程，自体和客体会作为整体被经验，并且抑郁心位（Klein，1935，1940）会开始占主要位置。因为伤害客体，或者让客体失望，这种情绪体验上的转变会带来矛盾、内疚、害怕丧失。宽恕和修复给婴儿看待世界的方式带来了希望和信心，伴随着的是象征化和创造力。

本章聚焦于一类特殊的临床现象：患者深陷偏执-分裂心位与抑郁心位的心理冲突，却无法通过精神撤退（Steiner,1993）获得心理庇护。通过两个典型案例，我们得以观察这一临床谱系的不同表现形态：

第一位患者的主体心理状态更稳定地居于抑郁心位，却持续遭受偏执-分裂幻想的侵扰。这些幻想从根本上形塑了她建构生活、处理自我与他人关系的抑郁模式。与之相对，第二位患者则更为固着于偏执-分裂心位，仅能短暂、脆弱地触及抑郁心位的心理状态。

值得注意的是,两位患者都呈现出复杂的混合性心理特征:交织的幻想结构、矛盾的情感体验以及激烈的移情冲突。其共同核心在于对人际互动中"施-受"动态关系的严重认知扭曲。在临床实践中,这类患者往往将这一基本关系异化为多重矛盾体验:既渴望亲密又恐惧控制,既期待拯救又抗拒依赖,在贪婪索取与愤怒殉难之间反复摇摆。

梅兰妮·克莱因和她当代的追随者们建立了一个复杂而关键的心理分析理解体系。这个体系在临床上可以直接运用,并且总是聚焦于患者和分析师当下的互动。这些移情、反移情、投射性认同,以及因诠释而发生的动力之间的相互作用对于心理分析治疗的成功来说是至关重要的。在和受困于有关付出与获得、需求和负债、控制和丧失等这类问题的偏执/抑郁谱系的患者工作时,克莱因学派发展出的"此时此地"(here-and-now)技术——特别是建立分析性联结的能力——具有不可替代的治疗价值。

案例

在完成四次联合治疗后,瑞克单方面宣布终止治疗。他表现出抑郁、气愤、对立、保留,并且不愿参与任何对话。我是他"解雇"的第三位治疗师。我建议莎莉考虑以个人治疗的形式继续心理干预。

在首次个体治疗中,莎莉披露了更多家庭细节:瑞克是个酒鬼,几年来每天都喝得醉醺醺的。这种状况引发了与青春期女儿的激烈冲突,导致家庭系统功能严重失调。这些以前不曾发生过。莎莉还透露了瑞克长期受抑郁困扰,曾多次出现自杀意念。面对这样的婚姻现状,莎莉表现出明显的无望感,但同时仍抱有矛盾期待——她不断质疑如果自己继续忍耐现状，给予瑞克更多支持，是否可能促使他转变为更称职的丈夫并获得情绪改善。我指出，这种"被动等待情况自然改善"的应对策略在过去十年间已被证明是无效的。莎莉虽然认同这个观察，但仍陷入两难困境："除了彻底离开，我看不到其他出路。但作为一个母亲，我怎能亲手拆散这个家庭？"

所以，在后来几个月中，我们探讨了莎莉控制和对付她丈夫的方式，以及她内心的那些内在客体。这些内在客体为了赢得爱、避免伤害或防止被激怒，努力证明她是忠诚和友善的，同时否认任何负面感受。我向她诠释了她的行为模式，即她聚焦于客体并控制客体，以此来避免感到自己贫乏，或避免产生自己的欲望，因为在她的想象中这些会伤害或激怒她的客体。在这种无欲无求的处境中，她从来不必问，从来不必感到失望，也从来无须面对分离或丧失的痛苦。控制是她与客体联结的方式，也是她不必面对丧失、拒绝、内疚的方式。

当我抵达办公室去为莎莉治疗时，我的车正好停在她的车边上。这时，离治疗开始还有约五分钟。当我下车时，她从摇下的窗户里对我说："你需要几分钟时间吗？你慢慢来。"在反移情中，我有一种被控制了的感觉，甚至想要告诉她"别再监视我想做什么了，管好你自己的事情吧，既然还有五分钟才开始，那就安静点吧"。经过仔细思考，我意识到这种感觉可能源于她对控制的需求——她想确认我状态良好、心情愉悦，没有负担，也不会受到她的影响。莎莉告诉我她认为我"很忙，需要打一些电话，需要定定神，做一些文案工作，然后需要几分钟来冷静一下"。我诠释说，她认为我处于虚弱状态，需要她的关注、治愈和管理。她同意这种说法，并说她"从来没有想过这个问题，现在回想起来，我似乎总是这样看待所有人"。我进一步评论道，她是否觉得自己被一群虚弱的、不堪重负的人包围，从而感到焦虑、内疚，并想控制、治愈他们。她说，她"确实花了很多时间这样做，尤其是对家人"。

　　之后在一次治疗中，我注意到她进来后迫不及待地开始焦急地报告她最近的"进展"，以及她对于不得不向她丈夫下最后通牒感到不太舒服。在听完这有点防御性的歉意后，我推断她认为我是要求她对她那酒鬼丈夫做一些干预，要么让他去戒毒所，要么和他离婚。我说，她认为她不得不这样做才能取悦我，或者才能让我不再唠叨她，但这些并不是她自己想做的，这一定让她感到很焦虑。莎莉说："我确实感到你想让我这样做，并且这很吓人。我感觉如果我真的这样行动了，结果会是伤害了某些人。并且，我不想这样做。"我诠释说："所以，你感到进退维谷，要么让我失望，不去做想象中我要求你做的回家作业，要么去伤害这些对你来说很重要的人。"她同意我的说法，并说她以为我真的想要她去"采取行动"，并且很惊讶地发现原来不是这样。我诠释道："当你试图控制其他人或者想象我正在试图控制你时，有一点你疏忽了。你把你自己排除在所有事情之外了。当你控制着我们时，你自己需要什么、你自己感觉到什么，以及你自己怎么想都被掩藏在想要取悦我背后了。我认为你其实是在回避需要我、想要得到我的帮助的冒险。通过帮助我们所有人、拯救我们所有人来回避希望我去帮助你、拯救你。"莎莉看上去很惊讶。她说："我没有想过我自己是这样的，从来没有想过。"

　　在接下来的治疗中，我发现我已经做好了要求莎莉把她丈夫赶出门去的准备，如果他不去戒毒所的话。已经十年了，都没有好转，所以要么现在就做，要么永远别做了，我和自己争辩着。我仔细思考了这种反移情幻想，事实上产生这种强烈的感觉不是我的风格。我意识到这可能是上次治疗中的投射性认同过程的作用。我部分受到了莎莉自己的渴望的影响，她想要控制、修复她对她老公长期处于酗酒和抑郁状态而感到的憎恨和厌烦。

我用此见解来诠释说，她可能把我的关注解读为一种许可——允许自己变得自私、强有力、卑鄙的信号，以此来表达她自己的需求和渴望。换句话说，对于莎莉，关注自己和自己的感觉意味着贪婪和苛求。所以，为了保护她的客体们，她无视了她自己的需求。莎莉的反应是，她长舒了一口气，说："我真的觉得你会对我严格要求，对我说我应该立即采取行动。我不想那样做，我不想伤害他，尤其是当他那么脆弱的时候。"我重复了我的诠释，我说："你很惊讶我会考虑你和你的需求，因为你自己从来不考虑。但是，我想你会担心关注你自己的需求意味着对这个难伺候的人发动攻击。"莎莉开始哭泣，她说："我不知道如何做我自己，我担心我可能要得太多了。"

当我们继续讨论着她希望能帮助她的丈夫，找到一些办法来"让他再次变得完整"，"把他从这个迷失已久的糟糕处境中救出来"。我诠释道，如果她放手，转而照顾自己的话，她想要一种爱和关心的保证，而不是这种让她感到迷失的处境。我说她惧怕丧失和孤独，所以不管发生什么她都不放手。莎莉回答说："我很怕在瑞克如此不稳定和无助的时候离开他会让他失望，我不想让他失望。"我诠释说："你是这样想的，再加上你担心会让我失望，那么你一定感到左右为难了。"

莎莉告诉我："我确实有这种感觉。我总是感觉自己陷于困境之中，并试图去解决它，把生活维持下去。"我诠释说："你说你这样做是为了对别人好，为了取悦我们所有人。但是，我认为更主要的原因是你害怕如果你不再控制我们，我们就不再爱你了。换句话说，似乎你正在努力强迫其他人来喜欢你、爱你，你很害怕如果你放手了，我们就不在乎你了，你会很孤独。"莎莉开始哭泣，点头说是这样。

最近一次治疗中，莎莉告诉我她对自己感到骄傲，并想要分享"一些最终为自己做主的例子"。她向我说了她是如何告诉她丈夫她"真的对他在周末的家庭晚餐时表现出的粗鲁和自私的行为感到失望"。并且，她还告诉他，当他消失去喝酒并且没有回来洗衣服，或者把所有东西都留在洗衣机里，而她不得不去处理那些琐碎的事情时，自己感到有多厌恶。这确实是一个让莎莉与自己的感受联结的不同的方式，并且思考这些感受以及他是如何对她产生影响的。

同时，在反移情中，我感觉她可能有点故意想让我印象深刻。所以，我问她她分享这个胜利是为了她自己还是为了让我感觉好些。她说："嗯，我为自己感到高兴，不过我也注意到，我希望随着我越照顾自己的感受，瑞克也能够开始照顾他自己。"我说："你很难做到不关注别人以确认我们都很好。如果我们不开心，你会担心自己在哪里吗?"这时，我向莎莉说了我的想法，即莎莉为了她自己的利益而控制我们，而不是为了客体的利益。

莎莉说："我不知道我是否能够靠自己活下去。我需要他，并且他需要我。我知道这听起来很病态，但是我觉得当我需要帮助的时候，我需要有一些备用计划。我不认为我能够照顾我自己。"在我温和的盘问下，莎莉诠释道，她不仅认为她丈夫"如临深渊，需要照顾和关心"，并且她自己也处于孤独、凄凉的深渊之中。事实上，我怀疑她在利用这种照顾者的角色来防御一种更加原始的、更加无助的感觉，就好像一个没有人依恋就无法正常运作的人一样。

于是，我先说："看上去似乎是，你是他的照顾者和护士，而他是你的照顾者和护士。并且似乎你会担心如果他不在周围，你会枯萎。"莎莉想了几分钟，说："我感到在那么多年中我可能会变得脆弱、精神错乱。我不认为我有经济独立能力。我不想放弃现在的舒适生活，不想面对未来可能发生的梦魇。如果我不能照顾自己的话，至少会有个人照看我、指导我。我不知道何时我会需要他这样做，但我想要确保后顾无忧。"我说："似乎你感觉你命悬一线了，没有他你就会枯萎一样。没有照顾者会是致命的。"莎莉回答说："致命是一个很好的词。我的感受确实如此。这样会是致命的。"

莎莉紧紧握住那一丝绝望中的希望感，这种希望感似乎拯救了她，让她不必去面对残酷而令人恐惧的现实，有关她倒下的客体以及她如何看待失去了客体的自己的现实。有学者（Searles，1977；Potamianou，1992）指出疯狂的希望是如何像一个盾牌一样防御着残酷的现实，防御着对丧失和绝望的痛苦接受。对于莎莉来说，她坚持认为如果她能够再努力一些，那么也许有一天（Akhtar，1996）她能够改变她的客体，把他变成一个新的、健康的客体，一个能照顾他自己，也能照顾她的客体。

斯坦纳（1984）提到，患者无意识冲突中的所有防御都将会体现在移情中。内部世界的这些方面将通过对自体和客体的投射，以及某些行动和关系的基调，使得我们与他们一起付诸行动。莎莉试图让我成为一个残忍、愤怒、要求苛刻的人，她想要求干预或直接离开她的丈夫。我遵循了约瑟夫（1983）的密切监测和发明的方法——讲述了我的病人是如何试图在她的内在斗争中利用我的。在遵循这种当代克莱因治疗方法，并使用它来建立和维持分析性联结（Waska，2007）时，我能够诠释她控制她的客体来拯救他们的努力，以及她最终试图将自己从荒凉、丧失、致命的崩溃中拯救出来的努力。

案例素材

　　我治疗杰克已有数年，他每周接受两三次治疗。他的问题是面对客体时个人价值感非常不稳定，并且客体拒绝给予他需要的而他认为自己值得拥有的爱和回报。与上一个案例相比，杰克是一个偏执和抑郁的焦虑混合体，比莎莉更多地倾向于迫害者。

　　杰克是一个精力充沛的公司高管，赚了很多钱，在他的领域里很有名，也很受尊重。然而，在内心中他却感到自己是一个不被爱的、常常处于被遗忘的、被惩罚的、边缘化的小孩子。他非常渴望去帮助那些弱势群体、讨好那些拥有权威的人、希望因自己的努力而得到巨大的回报。

　　最近，杰克一直在告诉我他有多担心新的工作会赚不到足够的钱来支付账单。同时，他还在不经意间透露出一些事，例如周末给游艇上漆，他将如何在新工作的第一年赚到一百万美元，以及一个电影明星租借了他在南美洲的别墅。在反移情里，我发现自己感到嫉妒、鄙视、愤怒。这些情绪在某种程度上帮助我看清杰克想要以这种伪装的、隐秘的方式吹嘘，但又对我可能的反应感到焦虑。我这样做了诠释，杰克表示认可。他补充说："如果我吹嘘，你会觉得我高傲自大。但是，如果我隐秘地吹嘘，你可能会说，等一下，你有一个游艇，并且认识电影明星。你会没事的。"

我诠释道，他对我的爱和安抚的依赖是暂时的，因为他内心深处总是渴望更多，且相信他拥有的永远无法持续。杰克联想到他对那个雇了他的新老板是多么感激，他想给他寄各种礼物。过去，当这种感觉浮上来时，我们发现这是一种相反的放心循环，在这种循环中他感觉他需要不断地感谢那个人。我向他做了这样的诠释。他说："哦，为什么这一定得有些说法呢？为什么我总是无法把事情做对呢？"我诠释说，现在我是那个失望的人，不够爱你、理解你。他认同我的诠释，并说道："你就告诉我一切都会好的就行了。"我说："否则，我就是这个拒绝给予的坏人。你需要我的爱，如果我不以你想要的方式给你爱，我就不是站在你这边的。你并不太灵活和宽容。也许，这就正是你所害怕的。"他说："我知道，我知道。但是，我这种情况什么时候才会好转呢？"我说："已经好转了，只不过你在迫使我成为说出来的那个人，而不是你自己将其放在心里，这样无论何时你需要的时候，你就能将其当作一个安全之地。"他说："我喜欢这种说法。我希望能时时感到稳定，而不需要每天每分钟都不断地怀疑我自己，就好像一只暴躁的狗扑向我的喉咙。"这个他自己作为暴躁的杀人狗的画面更多的时候会变成我和其他人在捕杀他。

在最近一次谈话开始的时候，杰克说："今天来这儿的时候我感到很孤独，后来又感到好些了，因为我知道我是来见你的，并且我很期待与你谈话。我想你可以帮助我克服这些糟糕的感受。不过，之后我又意识到你会让我回顾我的感受，我不得不再次体验这个过程，感受这种糟糕的痛苦。去他的瓦斯卡医生！他不能让我这样做！我本可以在家喝点啤酒，放松一下，看看电视，感觉很棒的。去他的。"

因此，我们开始探索在移情中，他是如何分裂出一个带他离开痛苦的好医生，以及一个强迫他感受痛苦的坏医生的。杰克无法把这些意象整合成一个既有痛苦的感受，又能够在我的帮助下进行修通的整体。他希望我施魔法般地让坏的东西消失，让一切变好。

这个分裂的问题在后来的谈话中又出现了，他描述了两种他认为是完全不相关的情境。他说他看到邻居的女儿因为狗丢了在院子里哭泣。杰克把这个孩子描述为"完全迷失的、心碎的、极其悲痛的"。杰克很快把他破碎的自我投射到这个孩子身上，并"开始无法控制地哭泣，祈祷她的父母能够找到这个可怜孩子的狗"。她父母找到狗的时候杰克也激动地哭了，他感到"无比释然，终于能够呼吸了"。他叙述这个故事的时候也是呜咽着告诉我的。

在这次访谈的后半程，杰克带着明显的情绪波动，向我讲述了参加同事孩子颁奖仪式的经历。他声音哽咽地描述道："看着那个天真烂漫的八岁女孩沉浸在自己快乐的小世界里，那种纯粹的喜悦让我不得不强忍泪水。"我诠释说："你希望和我以及其他人拥有那种完美的、纯洁的状态，但是这种状态太理想化、太完美了，以至于任何东西都可能破坏它，让你感到完全迷失、绝望，就像那个失去狗的小女孩一样。"此时，我把这两方面结合起来，继续说道："你很难放弃那个你所描绘的绝妙的状态，但总是试图达到那个状态又意味着你总是不够好，感觉自己很失败。"

杰克说："我知道。我确实知道只有面对这些事情，我才能获得一些平衡。但是，面对这些太艰难了。"我说："只在你认为你必须独自面对的时候是这样。"

在治疗过程中，一个深刻的转变正在发生。最初，来访者将治疗关系体验为痛苦的源泉——将我感知为那个"令他受伤的医生"。然而，随着治疗的深入，一个有机的整合过程逐渐显现：他开始意识到，那些曾被回避的痛苦感受，恰恰是通往自我理解和解放的必经之路。但是，他仍旧有些难以想象我们是可以一起来完成这件事的。因此，他有片刻从更不安的偏执幻想的控制中走出来，进入了抑郁心位。

我们的时间安排一般不允许我们更频繁地见面，但是当有可能的时候，我们会尽量见面。最近，我向杰克提议增加一次额外的会谈，地点设在我第二个办公室，大约二十分钟的车程。他之前去过那里，但通常是早上去的。但这次预约安排在下午时段。在提出这个建议时，我特意说明："那个时间段我正好可以接待你。不过要提醒你，可能会遇到晚高峰的交通拥堵，但我想你应该能妥善安排时间。"杰克当时欣然接受了这个安排。

然而在第二天，他比约定时间迟到了十分钟。当他走向分析躺椅时，带着些许自嘲的语气说道："看来我还是没能避开交通高峰啊！"

我开始回答："我提醒过你应该……"，他打断我说："其实我在路上花了些时间观察交通状况——我可能算是个交通观察爱好者。我注意到他们正在实施新的道路工程，这个项目设计得很巧妙，应该能显著提升双向车流的通行效率。前几个周末我开车经过那里时，遇到了严重的拥堵。所以理论上，这个改造工程是件好事。虽然我对这个项目有些看法，但我并不想讨论它——既不想听你的反应，自己提起这件事也让我不太舒服。"

对于这两件事，我直到之后的会谈，甚至直到那一周的晚些时候才明白过来。反思了我的反移情感受和我通常的诠释立场，我相信我遗漏了这两件事。首先，当我以"我提醒过你应该……"开启对话的时候，我是在提醒他我们以前讨论过交通情况，并且建议他妥善安排时间来进行咨询。

我想我一开始可能有些防御，然后又变得有些抱歉。换句话来说，我选择用略带挖苦的方式回应他的自嘲"看来我还是没能避开交通高峰啊"，而非专业地处理他带给我的挫败感。我错过了向他诠释他让我产生的挫败感和生气的情绪，反而被自己的反移情所主导。其次，我遗漏了他的移情表现。当杰克谈论到新的道路工程将会如何在很大程度上改善交通情况，他其实是在说现在的交通情况有多不好。并且，当他说起以往在周末的时候被堵在路上时，我想这实际上是他对今天被堵感到生气的一种伪装。

杰克继续说道："我对在工作中的反应感到很尴尬。我们已经探讨了我在被拒绝和忽略时的感受，以及我为避免这些感受所做的努力。可是情况仍然没有改变。"此时，我再一次有机会去处理这种移情，可是我疏忽了。我们并不能在临床时刻永远保持最佳状态，但是去理解为什么我们会在那些特定的瞬间没能分析性地思考是有帮助的。并且，我们只有一次机会来探索事件的情况是很罕见的。大多数时候，我们可以在类似的移情又一次出现的时候重新提起。然而，无论是在当下还是以后，诠释的多变性都与它和即时移情，以及当前无意识的幻想状态的联系有关。

杰克告诉我他是如何在一次工作中糟糕地做出反应的："我们已经讨论过我是怎么感到被拒绝和遗忘的，以及我是如何努力尝试不去这样感受的，不让自己感到可怜兮兮或者愤怒，可是这种事情总是持续发生。在一次电话会议中，我说如果我们更聚焦目标的话事情可能会有转机，并且我提了一些具体的建议。现在，我成为公司里的菜鸟，但是我只想努力为团队寻求一些解决方案。嗯，我感到告诉你这些很受挫、很尴尬，因为似乎我总是多嘴说错话，而每个人都能看到表层问题之下是什么。"我说："你担心我会对你没能成长起来感到失望，担心我会受够了你总是把事情弄糟。"他说："是的。我希望让你高兴，可是最终却总是让你生气，也让其他人生气。也许你会放弃我，厌烦了对牛弹琴。"杰克继续说道："团队里的一位经理听了我提出的让事情有转机的建议后说我太轻率了。我感到很震惊。这是我最糟糕的梦魇。现在，我有了轻率之人的名声！"

我说："也许你太焦虑了，无法冒着承担相应结果的危险更直接地说出来。所以，你将其伪装成挖苦的方式。"他继续说："或者说，是幽默的方式。"我在头脑中联系到当他今天刚走进来时的情境，我现在能够意识到刚才在他的移情和我的反移情性否认，以及我的付诸行动中发生了什么。因此，我说："你走进来时对我说了一些关于交通的事情，那有几分轻率。也许，因为你对诚实地告诉我你对交通情况的真实感受会让你有些焦虑，所以你就说得比较轻率。你不想和我产生冲突，但是你的轻率的说法又有一些咄咄逼人，而这事实上也制造了一种冲突的感觉。"如此，我诠释了他内部和人际关系中的投射性认同，内部和人际关系中的。

杰克回答说："噢，该死的。我被说中了。我试图不要说任何负面的事情，以为这样我就可以变得可爱。你开始回应我的时候，我以为你会说：'我告诉过你这时候会堵车，你有什么可抱怨的？'"此时，我意识到杰克通过他轻率的评价，试图把我推向一种父母性的评价，因此我说的"你提醒过你……"，是作为对我从他那儿感受到的被挑战和评价的回应。贝蒂·约瑟夫（1985）以及其他现代克莱因学者指出父母用一种无意识的方式，通过临床移情中的付诸行动和反移情，让我们参与了他们的内在挣扎。因此，杰克在移情中担心的一些东西是真实的，但是他又很快会将其放大，并且将其想象成某种能够快速控制、平息、消除的东西。

杰克继续说道："我试图在你给我布置任务前打断你。我想尽可能地缓和一下。"我诠释了投射性认同的过程："事实上，我想说的是我提醒过你这边的交通状况，看起来你似乎还是遭遇了堵车，我们今后应该安排更合适的时间。同时，我能看出你觉得我听起来似乎像父母一样，你又很快觉得我生气了，并且不得不找到一种方式让我们之间平和下来。"他补充道："并且，当你说这个时间不太好，今后应该安排更合适的时间时，我的第一反应是到这个办公室来谈话本身就不是个好主意，因为我会感到陷入困境，不得不同意过来，或者找到一种方式来逃避。"

我回答说："所以，突然之间这成了一种权力斗争，并且在这过程中你会阻止我。"他说："是的。我擅长让人们在没有意识到的情况下听从我的想法。我微笑着让他们用我的方式来做事。"我回应说："也许你这样做是因为你害怕如果我们一开始就坦诚相待，那么之后会变糟。"杰克说："我很害怕这样。"

他告诉我一些最近和他老板发生的事情，这让他感到蒙羞，并且对自己很失望。他最近正受训于这位领导，这位领导也是该领域的专家，同时也是杰克的偶像。杰克受训时会跟他一起去拜访很多客户。在最后一次和客户开会后，领导把他拉到一边，向他反馈了一些他与客户谈判方式的利弊，并建议他今后应该怎么更好地进行谈判。杰克说，他感到很窘迫，觉得自己搞砸了。我诠释说，杰克只想从分析师和领导那里获得赞扬，而其他的都感觉好像是很糟糕的批评和吹毛求疵的控制。我指出他把我说的内容都划分为要么是令人宽慰的称赞和安抚，要么是毁灭性的批评。我聚焦于他是如何在移情中以及在移情之外进行转换的，从狂热的成功到彻底的失败，要么是温暖而紧密的，要么是冰冷而分离的。

杰克说他想分享最近看到的一个"滑稽得不得了"的卡通。那是一幅小猪和小熊维尼走在森林小路上的图片。这个卡通的整体语境是关于潜在的猪流感的。在杰克描绘这个卡通中的笑点之前，他已经笑得前仰后合了。于是，我聚焦于他的笑。他笑得太厉害了，我感到突然之间被这个卡通逗笑有点奇怪甚至有一丝丝可怕，我在想这在多大程度上是出于个人原因。他说，小猪心里正为他们那么多年来都是最好的好朋友而感慨，而小熊维尼正在心里暗暗地想："如果那头猪朝我打喷嚏，我就杀了它。" 我们没有时间了，我也觉得这卡通很滑稽，但是一时语塞，不知道该说什么。

直到那天的晚些时候我回顾这个情境时，我才意识到些什么。我可以把这个卡通当成移情情境（Joseph，1985）的一部分，它代表了他当下对他的客体和我们关系的想象。一开始，我对自己没有发现这是"一个显而易见的移情标志"而感到很糟糕，觉得自己"没能在当下就立即进行清晰而专业的诠释，是一个失败的分析师"。过了一会儿，我注意到我正在攻击自己的方式是一种反移情反应。我现在的感受就好像杰克一样，要么我是完美的，总是正中靶心的分析师，要么我就是失败的、丢脸的人。这种领悟让我原谅了自己，并且允许自己以后再择机进行诠释。这不必是一种全或无的处境。

在接下来的那次谈话中，出现了这样一个机会。杰克告诉我，他不想再因他人的想法而感到脆弱和害怕，同时也不想依赖他人获得自我价值感。我告诉他："你通常向我寻求慰藉和保护。但是，你又转而开始评判和要求，使之变成一种不稳定的信任。我觉得你就是你上次提到的卡通中那只渴望亲密、深情和信任的小猪，可是又转而变得害怕、吹毛求疵，附加了很多条件和害怕承担后果，就像小熊维尼一样。"杰克回答道："我通常会担心你是小熊维尼,我是小猪。我希望你不要因为我搞砸了而杀了我。"我补充道:"但是,你也具备小熊维尼的些许苛刻和易变。"杰克认同这种说法,并说道:"这个卡通差不多能代表我现在在工作中的感受。"我说:"以及其他情境下的感受。"

杰克则继续述说:"周末开车去参加一个派对时的内心挣扎,因为我看到那些我认识的生意场上的朋友在附近住的房子是我自己买不起的,他们开的车也让我的车相形失色"。他告诉我他是如何"被这种匮乏和不公平感冲击的,就好像他们是伟人,而我什么也不是"。不过,他又说道:"也有一些进步。我比以前更能意识到我当下的感受了。并且,通过清晰地看待这个问题,我也就没有那么生气和寂寞了。当我来到这个豪华房子里参加派对时,我意识到我正在评估房间里的每一个人,并且寻找一些能让他们贬值的东西。这人拥有一辆价值20万美元的车,但是他老婆很胖。这个人周游世界,是一个著名企业的CEO,但他可能是一个很糟糕的家长。不过,我注意到我自己正这样做,于是我把自己拉回现实,安慰了一下自己。"

我说:"你可以认为你很重要,你不必通过攻击他人来解救自己。"杰克说:"是的,并且,这是很大的进步,在这个过程中我们经历了很多。然而,与此同时,我又在骗自己,如果我一直告诉你我成功的美妙故事,我会让你印象深刻,并且总有一天你会说你很为我感到骄傲,我终于可以毕业了,可以不用治疗了。我试图取悦你,让你给我一张离开监狱的通行证。妈的!为什么我仍然在这样做?同时,我感到恨自己想让你印象深刻,恨自己以任何一种形式需要你。我想对你大叫,我不需要你来让我进步。我靠自己就可以做到。去他的!我要按照我自己的方式来做,而不是按照他的方式！"

我诠释道："听上去像是这一分钟你是小猪，而下一分钟你就变成了小熊维尼。你很难信任我，依靠我，向我展示这些内心的挣扎，而不将其转变为某人在拒绝某人、某一种愤怒和伤害。"杰克点了点头，然后落泪了。

讨论

杰克总是挣扎于害怕失去客体的爱，以及被遗弃。但是，由于他的这种边缘性、自恋性的倾向，他对理想化的客体会产生羡慕、贪婪、焦躁的渴望，这种心理状态会更容易倾向于偏执位的体验，在这种体验中他的理想自我变得没有价值，而他的理想客体的爱变成了坏客体的攻击和拒绝。

克莱因（1957）详细地说明了羡慕、贪婪、嫉妒的区别。很多像杰克一样的来访者都处在一种不稳定的抑郁心位，似乎融合了这三种体验。斯皮利厄斯（Spillius，1993）指出过，当个体达到抑郁心位的时候，他会逐渐感受到客体不仅是他所需要的，而且客体有他自己独有的存在形式、身份，以及与其他客体的关系。这种领悟会引起更多的羡慕、贪婪和嫉妒。对一些像杰克一样的来访者来说，这种领悟会让他们退回到偏执位的功能。当杰克注意到他自己和其他人之间的不同，或者注意到自己和他人之间关于金钱、能力、职位、外貌、财富，或者其他评价方式方面的差距，嫉妒就会作为一种扩大的死亡本能冒出来，摧毁这些不同和差距的证据。

在移情中，杰克运用投射性认同来传递这些原始的愤怒、丧失感、嫉妒的状态。而我得是那个忠诚的、总是安抚他的人。如果我没有这样做,我就是残忍的法官和拒绝者。这是一种沟通、攻击和驱逐的混合体,对此罗森菲尔德(Rosenfeld,1983)提到过。杰克感到需要一个容器接受他的抑郁、内疚和对取悦的渴望。但是,由于他对于立即的爱、安抚、完美的需求太具有攻击性了,他无意识中感到这个容器要么是没有能力包容他的渴望的,要么是不愿意长期包容他的焦虑和困惑的。因此,理想化的客体被过度地渴望,又被视作不安全的、有所保留的。这种噩梦般的付出与获得的模式在移情中也会很生动地表现出来。

克莱因疗法以及我自己的关于建立分析性联结的克莱因疗法旨在发现来访者的心理运作方式,并逐渐通过诠释和揭露移情的本质向来访者传递这些认识。这个过程可能陷入困境,或者由于来访者对他们核心焦虑的阻抗而偏离,取而代之的是来访者寻求维持他们目前病态的心理平衡,避免改变、成长、分化。这总是以强烈的投射性认同的形式出现,这种投射性认同要么把分析师引到各种角色活现和过分卷入(Schoenhals,1996)中,要么作为冷漠的观察者,用一种拒绝及坚忍的方式付诸行动。

并不是所有抑郁型焦虑的来访者都会呈现出同样的移情问题。的确,本章列举的很多来访者受苦于强烈而原始的抑郁心位时,也会呈现偏执-分裂心位的特征。迫害幻想和嫉妒的感觉也会表现出来。因此,贬低和理想化的情况也会出现。这种关于丧失、内疚、惩罚的焦虑有可能让人无法抵御,缺乏任何恢复、整合的希望。

因此,始终如一地、专注地探究移情、反移情和投射性认同这种模型是非常重要的。这些过早的抑郁状态,或极其脆弱、不稳定的、抑郁的与人建立关系的方式，经常转变为更直接的偏执情绪和被迫害幻想，将通常更可靠的抑郁心位变成一种更不稳定的体验状态。对这些棘手的来访者来说，付出与得到循环中的好的一面被恶化成了在要求、背叛、攻击及无止境的丧失中形成的害怕、绝望、生气的循环。

第四章 抑郁性焦虑的诸般形态：

困境中的脆弱患者

梅兰妮·克莱因的整个理论立场很大程度上扩展了艾萨克斯（Isaacs，1948）的关于幻想的观点，他认为幻想是一个人本能的表现，是一种寻求全能满足感的幻觉的方式。汉娜·西格尔（Hanna Segal，1977）扩展了克莱因的观点，描述了幻想是如何以分裂、投射、内射为主要机制的。在良好的发展中，自我在内射和理想化的好客体的认同下变得更强大，激烈的投射越来越少，为整合和现实检验提供空间。对这种所期待的结果的干扰可能来自内在或外在因素。我补充一下，这通常是两者之间的恶性循环。

梅兰妮·克莱因列出了以偏执-分裂心位为中心的心理发展的可预见性冲突，偏执-分裂心位会伴随着分裂、对迫害和溃败的恐惧，而抑郁心位伴随着对伤害客体的恐惧，以及修复的渴望。投射性认同是处理这些内在冲突的主要方式，这种模型能够促进并加强健康的心理发展，或者延迟、摧毁、病理性地加速心理成熟的过程。爱、罪疚、创造性推动自我去寻找修复自体和客体之间的伤害的方式，并且创造出新的、更好的客体关系。新的、更好的客体被找到，解决内在冲突的更健康的方式被建立起来。再说一遍，投射性认同是扭曲的、毁灭性的客体关系联结的主要方式，同时也是成长、治愈的路径。

斯特雷奇（Strachey，1934）研究了什么时候进行诠释能够起到治疗的作用，以及是如何起作用的。他假定，当诠释聚焦于移情时，就会发生变化。诠释应该是关于患者和分析师内心层面（O'Shaugnessy，1983）的互动的，这是克莱因倡导的精神分析学观点。克莱因提倡这种从治疗开始的第一时间一直到治疗结束都要诠释移情中的积极客体关系和消极客体关系的技术。这种克莱因技术发现了找到患者的原初防御方式以及非语言交流的模式。通常在投射性认同中，焦虑、愤怒、渴望、好奇被以一种微妙或者有力的方式传递着。克莱因发现了投射性认同是婴儿和它的客体进行交流的第一种方式。比昂（Bion，1962a，1962b）扩充了她的观点，并发现投射性认同也是防御和交流的原初方式。罗森菲尔德（Rosenfeld，1988）详细说明了不同类型的投射性认同以及使用它的不同动机，包括交流、驱逐/攻击，或两者兼而有之。斯坦纳（Steiner，1989）指出疏离客体和努力与客体联结总是一起出现，以使得分析师去涵容、学习、翻译患者正在经历的这种无法容忍的感受和想法。

为扩展克莱因技术来匹配如今的临床思潮，我发展了对各种患者进行临床治疗方面的克莱因技术，以及治疗的设置。不管是频率、躺椅的使用、治疗的长度、结束治疗的方式是怎么样的，分析治疗的目标总是一样的：从内在和外在去理解无意识的幻想、解决内心的冲突、整合自体与客体的关系。分析师使用诠释作为他们的主要工具，将移情、反移情、投射性认同视为三个诠释工作中的临床指标。

借助着留意那些人际间的、事务性的，以及内心层面的移情和幻想，始终进行此时此刻的、即时的诠释，克莱因技术能够成功地治疗神经症性、边缘型、自恋型、精神病性的患者，不管是个人问题，还是夫妻问题，或者说家庭问题。

克莱因分析技术致力于看清患者的无意识中的客体关系世界，逐步为患者提供一种去理解、表达、诠释、控制他们以前无法容忍的想法和感受的方式。我们对他们最深的经历进行分析性联结，这样他们就能够创造出与他们自身潜能的持续性的联结。

成功的分析性联结包括不仅是精神的改变，还有一种相应的丧失感、哀痛感。每一刻的分析性联结既是希望和转变的过程，同时也是恐惧和绝望的经历，因为患者努力寻找一种新的与自身、与他人相处的方式。成功的分析工作总会产生一种循环，包括害怕冒险、轻率地放弃、报复性地攻击、焦虑地迂回、尝试把治疗转变成某种不那么具有分析性的、不那么痛苦的东西。分析师会诠释这些是患者对于危险而不确定的成长过程的反应，以此来掌控治疗的过程，使之变得更具分析性，包含更多与自己和他人的有益联结。我们给予患者的支持包括这种内在的誓言：我们将会帮助他们度过这些痛苦，并且与他们一起面对未知。

抑郁问题以及分离创伤

有学者（Espasa，2002）认为克莱因关于抑郁心位的观点来自两个地方。第一个是对于客体的死亡或者毁灭的抑郁性幻想，紧跟着的是对抑郁性幻想进行修复和原谅的成熟、整合的过程。斯坦纳（Steiner，1992）也指出了更多抑郁性丧失的艰难阶段，在这过程中，丧失感被当作一种威胁和危险的东西被否认，甚至是被攻击。此时，戈尔茨坦（Grotstein，2000）对于死本能的防御和投射的观点开始起作用。格林伯格（Grinberg，1964）把攻击罪疚称作"迫害罪疚"，即把朝向客体的攻击转向内部，从而保护客体。我补充强调一下，其动机是保护自体免遭与客体关系的伤害。

似乎客体被杀死了或者摧毁了，而现在又从坟墓里回来报仇了。这个糟糕的幻想渴望理解、协商、原谅、再议、逆转或修复。比库多（Bicudo，1964）指出一些患者在他们心理发展的过程中几乎不能达到抑郁心位，因此只能严重地依赖分裂和投射性认同的使用来处理强烈的罪疚感。他们把客体视为要么强迫他们对自己的渴望和自主性感觉很糟糕，要么强迫他们赞许他们的客体。

我补充一下，理想化是一个有动力的患者用来处理这种迫害罪疚的，但是这种防御创造了一种注定要失败、崩溃、失望的脆弱处境。戈尔茨坦（Grotstein，2005）指出通过投射性认同，分析师总是会有一种无意识的、要成为理想化母亲的形象，来拯救那些迷失的、被忘记的孩子。在这种幻想中，因为对责任、罪疚和被迫害的恐惧，患者不愿意长大、与父母分离、独立、定义他们自己的世界。因此，如果患者感到分析师拒绝这种角色，他们会感到生气、被背叛了、害怕和困惑。

案例素材

约翰在我这接受治疗已经两年了，他终止治疗后，我打电话他也不接。他起初开始治疗是因为他"知道他最好把那些破事整理一下，也许需要停止滥用药物"。他四个月前又回来见我了，告诉我在陷入滥用药物的低谷后，他去参加了一个戒毒项目，然后再也没有滥用过药物。约翰意识到他使用的那些药物和酗酒对他的幸福生活并没有帮助。我们现在以最低限度的频率见面，约翰保持着和以前一样的积极性，但是这种忠诚度被他的移情幻想扭曲了。

第一次见我的时候，他21岁，是一个造船厂的机械师。他和女友的关系有些问题。他女友不同意他滥用药物，并且说"如果她之前知道他滥用药物，早就和他分手了"。两年来，我们探索了约翰和他女友及其他人相处的方式，他总是很顺从，试图取悦每个人，避免冲突。这是他严重焦虑感的一部分。当约翰不告诉他女友真相，并在所有朋友面前表现得像一个造船厂机械师一样时，他表现出了更为脆弱的一面，他说他"对女友不愿说出她的真实感受而感到挫败，她该死地太冷静了"。约翰越是不让她知道他滥用药物以及他对此的罪疚感，他越是感到她离他很远。同时，也许是她自己的原因，她离他越来越远，直到最后他发现她和别人在一起了。他们分手了，他努力尝试和别人约会。这些给他带来了难以置信的恐惧感和焦虑感。他女友为他提供了一个稳定而安全的情绪岛，然而约翰现在却感到非常孤独，像一个小孩子迷失在了愤怒、难以满足、脆弱、反复无常的成人世界里，他不得不按照别人说的做来取悦他们，不然就得冒着被惩罚和抛弃的危险。

约翰的父亲给了他很多如何支配女性及如何将其骗上床的建议。通过防御性地认同他强势的父亲，约翰会短暂地感到舒适。约翰告诉了我一些关于他遇到的那些不同类型的女性，以及他是如何把她们骗上床的。但是，大多数的性冒险很快就转变成了令他感到受伤、失望、被背叛。我诠释说，他其实想要更多的爱和承诺这些亲密关系里的东西。约翰大多数时候同意我说的，也能够反观他与这些女性在一起时的焦虑。他不确定该如何与她们交谈，如何与她们联结，并且他相信如果他真的与她们分享真实的自己，他会被拒绝。我诠释说，他用"骗上床"这种方式作为一种硬汉式的防御方式来避开这些向人展示真实自我而被拒绝的恐惧感。

在此，我们将重点探讨他用以控制和获取客体的消极讨好模式。尽管他有很多朋友，但是他们都是瘾君子和酗酒者。即便是与他的老板和同事相处时，他也表现出快速的妥协倾向——不仅主动提供顺风车服务，更常在酒吧为众人的消费买单。当谈及这些所谓的朋友时，他自嘲为"被吸血鬼包围的人"。他为他们提供交通便利、毒品、演唱会门票，还给他们钱。但是，随着治疗的深入，他逐渐发展出容忍、处理、修通这些焦虑的能力，并开始识别出那些能够尊重他、与他平等交往的朋友。最后这点对约翰来说很困难。他既渴望真正的平等，又难以抗拒不平等关系带来的控制感和由此获得的关注。

事实上，我诠释了他在移情中对我也用了这种方式。在我面前，约翰通常是拘谨的、焦虑的、过度礼貌的，其谨慎态度仿佛是在履行某种强制性的义务。我这样诠释后，他说"我想确保我们之间关系良好，我不需要你反对我。我会全力配合你认为正确的一切做法！"这种反移情体验让我明显感受到被角色限定的束缚——我只能扮演为他提供指令的权威者，任何非指导性的姿态都会被他解读为对立。这种僵化的控制模式暴露出他潜意识中将人际关系简化为缺乏自主性和深度的机械互动，其中双方都被剥夺了独立思考与自由选择的空间。

我诠释了这种取悦方式是如何让我们进入一种领导者/追随者角色的，这种他总是把我的需求放在第一的模式可能感觉挺舒服的，但是也很有约束感。他对这个说法很感兴趣。我们以前提到滥用药物一事的时候讨论过这个话题，但是没有讨论过为什么他要滥用药物，以及他是否真的想戒掉。在这里仍然有一种反移情让我像指导性的父母一样告诉他应该停止滥用药物，老实做人。但是，这种方式也使得我成为自发去这样做的人，而他是一个中性的、空的容器，回应了我的想法、感受和需要。

在治疗的最初两年以及当前阶段，约翰持续保持着每日滥用药物的习惯。因此，他在面谈中总是显得紧张不安。尽管在此期间他曾数次尝试减少滥用药物量，但从未实现彻底戒断。我们共同理解到，这反映了他对长期支配其生活的抑郁和偏执焦虑（Klein,1946）的逃避——他借助药物来回避被拒绝、被背叛的恐惧，以及与之相关的受伤害幻想。同时，药物也成为他应对深层心理冲突的方式：他宁愿通过讨好他人来换取微薄的爱意，也不敢真正做自己并接受他人的爱，这种强烈的罪疚感和恐惧感不断驱使他滥用药物。尽管我多次建议他停止滥用药物、参加"十二步戒断计划"或其他戒毒项目，但他始终未能付诸行动。然而，后来他通过自己的方式逐渐减少了滥用药物行为，仅在某些特殊场合使用特定药物，并偶尔饮用少量啤酒。这一变化标志着他开始发展出心理分离的能力，能够形成并执行自己的决定，但同时也制造了一系列反移情困境——他似乎无意识地诱使我介入并接管他的生活。在此过程中，我意识到，尽可能多地诠释这些互动模式至关重要。

在移情中，我还会感到约翰把我看成他真实父母的替代性家长。他似乎需要我成为他母亲和父亲的典型教育方式的第三个替代选项。这种投射在反移情中唤起我强烈的"收养者"幻想——渴望在一个"正常"的环境中重新抚育他，使其摆脱原生家庭的不良影响。当我反思这种成为理想父母的感受时，发现其中蕴含着复杂的心理动力。表面上，这种幻想充满救赎色彩：我将把他从糟糕的父母（尤其是父亲）手中拯救出来，建立理想化的父子关系。在这种关系中，我可以示范健康的生活方式，创造完美的亲子互动，分享所谓"正常"的家庭体验。

但实际上，这意味着我突然控制了他的生活，将他按照我的价值观来塑造。我在评判他的父亲是坏的，而我是好的、正确的。这种内在的反移情很关键，它向我展示了我该如何处理约翰的投射性认同。事实上，这种原则对所有治疗来说都是成立的，但在约翰的治疗中尤为突出。在我治疗他的三年的过程中，约翰对他父亲在他成长过程中的描述以及对他父亲近期行为的描述都很容易让人怨恨。我很容易就把他看成一个丑陋的、虐待的、一点不知道如何照顾儿子的人。于是，有一种力量让我告诉约翰去甩掉他父亲，断绝这种关系，找一个像我这样的人来扮演新的理想化父亲的角色。但是，我很高兴我去涵容、探索，并逐步理解、诠释了这些动力，因为这些年来，约翰对他父亲的感觉改变了。渐渐地，他不再感到被他威胁，不再愤怒了。他也开始慢慢与他联结，并表示渴望与他建立一种更好的联结。

　　约翰告诉我他"为这个老家伙感到惋惜。他是一个卑鄙的人，但是他有时候也会是一个正派的坏人"。这段时间以来，我越来越多地听到约翰"和这个老家伙外出，度过一段像样的时光"。一度，约翰明显有些感动，当他告诉他父亲他要去野营，并羞怯地向他借一些设备的时候，他父亲"意外地告诉我他借给我一张吊床，这样我就可以在树下乘凉，或者与女孩子幽会了。"这是一种他们相处的新方式，一种分享彼此陪伴的感受，并互相尊重的相处方式。有一种新的爱被允许滋生了。这是约翰想要的。这与他投射到我身上的愤怒、受伤、反感不同。

　　如果我坚持让他以我的方式看待他父亲，不把他当成一个他想要亲近的人，我可能会要求他采取我的个人观点而否认他自己的愿望。借由涵容和分析我的反移情幻想和感受，我允许约翰拥有他自己的自发的心理空间，然后决定他是如何感受的，以及他真正想要什么。

　　结果，他的选择不是把他父亲抹掉，而是慢慢地发展一种新的、健康的关系，在这种关系中他把自己更多地看成是一个平等的、值得被爱的儿子，而不是一个地位低下的坏儿子。正如前面提到的，这是我们治疗中最重要的原则。如果我们不再评判父母是好是坏，而是让他们有机会去慢慢决定他们真正想要什么，那么他们不仅能看清自己，还能重新审视他们与内在和外在客体的关系，并在新的幻想中建立关系。

　　通常这在反移情中是困难的，因为从患者那里获悉的微妙而明显的素材会影响我们对其客体的看法和感受。从约翰的描述来看，他的父母非常不讲理，无法沟通，无法创造一种分享情感、互相支持的家庭氛围。约翰的父亲用武力和语言威胁来控制这个家。当约翰描述如何与他父母互动的时候，我头脑中形成了两个摩托车帮会成员抚养一个婴儿的画面。他的父亲对他说："和那些女人们上床，然后离开。她们只是你不工作的时候寄存你的老二的地方。"约翰父母似乎都以一种残酷而令人不安的方式关心着约翰是否幸福，但是他们的攻击性、控制欲，以及极端的行为方式对约翰来说是创伤性的。他父亲的暴躁脾气和身体虐待，让约翰感到不被理解、被威胁、很少被支持。他父亲是个酒鬼，还鼓励约翰和他一起喝酒，即便是约翰告诉他自己正在戒酒的时候。约翰说："我长大的过程中被揍过很多次，我已经不在乎他是否打我了。但是，当我现在和他外出试图共度一段好时光的时候，让我烦恼的是他总是让我在公共场合很尴尬，他就是无法不说那些胡话。我只是希望他表现得正常一些。"

"正常的"父亲是那种告诉他该做什么、该如何生活，不会在相处的时候胡说八道的父亲。正如我提到的，我向他诠释了他正在让我变成那个更和善、更温柔的父亲，但是他也让我变得一样有控制欲、评头论足并且有威胁性。结果，约翰向我寻求指导，然而又因为我对他的期待，以及我可能对他的行为失望而感到焦虑。

有一个例子是约翰总是努力准时到来。在我们治疗的第二个阶段的开始几个月中，他住在两个小时路程远的地方。他总是吃过早饭，开着他的卡车过来，然后在我的停车位一边等待着一边在卡车里再睡一会儿，直到我们预约的时间到了，他永远不会迟到。

在人际关系上，他总是很焦虑不知道该如何与我建立关系。当他告诉我一些事情的时候，他会愣住，害怕地看着我。我问他怎么了，他会告诉我："我肯定你在想这个衰人一定还有些别的什么要说。"我诠释道，他在把我塑造成一个苛刻的父亲，而他正努力取悦我。我还说，他一定很害怕，担心我不愿意接受他本来的样子，和我谈论他头脑里出现的想法和感受。约翰说："这是一种全新的看待问题的方式！"这时，我们开始进入到两个人都能够共同存在的领域，尽管两方都有独立的见解。那就需要求同存异以及互相包容。但是，这仍旧存在很大的不确定性。

约翰想要去取悦、满足客体，并为其客体提供他们所需要的、渴望的、要求的东西，这让他感受到一种压力，这种压力是患者与原初抑郁幻想斗争的印记之一。关于为什么这是在移情中经常出现的阴霾，这里有一个例子，当约翰谈论一些话题，然后却又在一种不舒服的沉默中结束。他会说："就是这样。我很抱歉，但就是如此。我就只有这些可说的了。"很明显，他处于一种内在的压力中，想要不断取悦我，避免冲突。我诠释了他如何把我变成一个苛刻的客体。在其他时候的类似情况下，我也诠释了他想要取悦我，让我保持亲近的内在压力，努力尝试着维持一种脆弱的、有条件的爱。因此，我诠释了这种原初抑郁冲突的两个方面，约翰会感到彻底失去了我的爱，或者他取悦我失败了，于是把我变成一个愤怒的、危险的客体。正是这种双重困境困扰着像约翰这样的患者，他们试图在这种不稳定的抑郁心位中寻找安全性，在这种状态下，分离个体化可能会带来灾难。

在很多案例中，幻想是分离和差异性会引起对于迫害的偏执-分裂的恐惧，而个体化会引起对被遗弃、内疚、拒绝和永恒孤独的抑郁性恐惧。

久而久之，我已经诠释了这些移情幻想，同时也诠释了他对于约会、吸毒、酗酒问题的焦虑。约翰说当他拿到一个女孩的电话号码，他"感到很兴奋但又真的很紧张"，他来见我就像一个儿子去见父亲询问约会的建议。当他决定这是第一次打电话给她的正确时机时，他感到"恐慌而困惑"。他去询问家长的建议似乎也增强了他的困惑。他父亲告诉他："要等三天之后再打电话给她，这样她就不会觉得你是一只软弱的猫咪。打电话给她，约她出来，和她上床！"约翰的母亲告诉他："这是一个非常微妙的处境。你必须等两到三天，不然会看上去太热切期待了。但是，不要等待超过四天或五天，否则，你看上去会像一个轻率的蠢货。但是，也不要听上去太殷勤。"

尽管他父母说的话是在给他善意的指导，但是约翰还是感到极度焦虑，他确定自己会"把事情搞砸"。他告诉我，在给那个女孩打电话之前，他会系统性地写下他准备讲些什么，这样她就可以"顺着脚本来说，而不会脑袋一片空白，听上去像个傻瓜"。我诠释说，这是他试图掌控不稳定的、薄情的客体的一种方法。他不得不寻找一种处理这个问题的公式，以防垮台。但是，我诠释说，这种总是不得不找到正确的方式来让客体接受自己，且不对自己生气的目标让他在他想要亲近的客体面前常常感到脆弱而恐惧。我还说，他的这种与女性交往需要事先准备好台词的方式和总是试图找到合适的话题来与我讨论以免无话可说的模式是很相似的。最后，我诠释说，他最大的焦虑来自把他自己和我或者这些女孩分离开来，认为他的需求和我们的需求是不一样的。

一旦在心里分离了，他会害怕我是否难过、受伤，或者生气了。如果无法持续取悦他人，那么结果就会是伤害客体或者被客体伤害。因为这是一个如此焦虑的情况，甚至很难提起这场斗争的另一面，但我觉得经常提起也是至关重要的。一旦和客体分离了，如果约翰感到和他的客体坚持过来了，他就会面临着要成为独特的自己。他开始个体化了，突然能够定义并依靠自我了。我诠释说，这很让人害怕，他感到孤寂而空虚，不确定如果放下防御的话该如何建立起自体。虽然这种情感融合不会很快发生，我还是觉得经常提起是很重要的，因为不然的话，我们会迷失在总是探索他的麻烦事件中，而与客体分离。像约翰这样的患者，他们与这些原初的抑郁冲突进行斗争，但在脆弱而强烈的情况下，这种冲突也会容易被归为非常危险的偏执性元素。

当约翰不再试图取悦我的时候，他非常焦虑。这种感觉是危险的、未知的、空洞的、令人困惑的。因此，约翰最近一次约会的经历，确实是一个很大的进步。约翰本来认为她只是因为想要他的毒品而和他约会的，而当约翰告诉她自己没有毒品时，对方并没有像约翰预期的那样拒绝他，而是很愉快地度过了一天，吃了午餐，也看了电影。他描述说度过了"非常愉悦的时光，完全超乎预期，很有乐趣"。把自己看作不需要通过外在的东西来取悦客体，而是可以通过内在的东西来吸引客体，这对约翰来说是全新的经历。

逐渐地，我们探讨了他是如何给自己施加压力来适应、妥协、顺从客体，不管客体说了什么、做了什么都认同。我诠释了他对于与他人有差异的恐惧。我们探究了这种当他分离个体化的时候，他感受到的差异与空虚的核心焦虑。

直到去年，约翰都住在自己家中。他现在三十岁了，他八岁时父母离婚了，他觉得住在他母亲房子的地下室挺舒服的。但是，当他自己坐着一边滥用药物一边看电视时，他又觉得堵得慌，感到受困而寂寞。从我们开始第二阶段的治疗，他一直在照看一个朋友的远郊的房产，离市里有几小时的路程。那里有好几英亩的树林，几公里内都没有邻居，也没有市镇可以去，只有一个普通商店和一个加油站。起初，约翰觉得很孤独，不知道自己该如何消磨时间。但是，经过我们几个月的讨论，他开始有一些独立起来了。

对我来说，这就像是看着一个青少年第一次去野营。约翰诉说着可以想什么时候起床就什么时候起床的乐趣，而不用按照他母亲的作息时间起床。他还分享了一些自豪的感受，从来没有自己做过饭，但是现在却"汉堡包、热狗、墨西哥菜什么的都能做，还会做甜品，派、蛋糕、纸杯蛋糕、冰激凌。我热爱做饭！我从没吃得这么好过！"

一方面，这像是听一个青少年疯狂地吃着所有自己最喜爱的食物，而不吃蔬菜、色拉。我注意到这种反移情是家长式的，想建议他吃点西蓝花或者意大利面。另一方面，我意识到这是他在试探我是否理解这是他在努力去"做自己的事情"。我说："你对自己能在厨房里做的事感到很自豪。似乎是想让我看到你是独立的、成年的、能够自理的人，在做自己的事情。"约翰回答："没错！这感觉很好。"

在治疗约翰的过程中，我相信我在帮助他处理和改变一些非常根本的原初抑郁幻想，这是很多患者都会有的。出于伤害或者被伤害的幻想，他们会产生一种对于分离的核心恐惧，也会因个体化而引起一种对于虚无的恐惧。戈尔茨坦（Grotstein，1980a）提出，贝蒂·约瑟夫是如何强调与患者的婴儿的一面"建立联结"的。在我自己的工作中，我把这个理念运用到我所有分析工作的目标上，以建立"分析性联结"（Waska，2007，2010a，2010b）。分析师尽量运用移情、反移情、诠释，以及投射性认同动力进行即时的探索，来与患者的核心无意识幻想和客体关系冲突建立联结。当自我总是努力维持与好客体的关系时，成长、分离、自体化的行为会被经验为切断这种联结。因此，会有一种持续的挣扎，一边分割，一边又融合。

戈尔茨坦（Grotstein，1980b）讨论了在抑郁心位，主体是如何不得不放弃控制客体，停止攻击，并进行修复的。这会形成一种分离和逐渐个体化的状态，并且寻找一种与客体保持联结的方法。在这个过程中，会产生很多强烈的冲突，更令人不安的是悲痛和丧失感。分离会被视作孤立无援。自体和客体都可能永远逝去，无可挽回地失去联结，支离破碎。健康的做法是进行整合及对彼此有益的分离，相信个体化是一个可以去创造、成长、发现的安全之地，而不是两者的抛弃和复仇之地。

投射性认同是成长和发展的重要组成部分。然而，有学者（Bell，1992）指出投射，特别是那种非常激烈的、嫉妒的、贪婪的投射，需要慢慢地从客体上撤回，这样才能让客体独立于自体而存在。分离的压力对自体来说是很难忍受的，并且这种切断恋母情结的病态幻想会让个体觉得像是一种放逐，空虚而破碎。因此，发掘自己独特的身份是很脆弱的，易于被视为惩罚、不可能的任务，或者缺乏安全感。这种情况下，防御性驱力是去消除差异、分离，或冲突。

因此，在试图与期盼中的客体重新联结，或者找寻那个从来没有得到过的客体的过程中，取悦、服从、补偿会成为个体贯穿一生的行为模式。比昂（Bion，1959）提到过这种对重新联结，回到容器中去的过程的中断，就像对情感生存至关重要的环节的暴力攻击一样。

因此，对约翰以及其他像约翰一样的患者来说，能够变得独立、个体化是一件非常让人兴奋且美妙的事情，但总是伴随着很深的焦虑。这种焦虑不会总是因为相信协商、宽恕、理解、妥协的力量，以及相信差异和分歧可以是健康的而缓解。

约翰告诉我他在音乐会认识了一个新女友，两人在一起度过周末。他说他"真的很喜欢她，我们都喜欢在吐司上放黄油。"但是，他又补充道，他担心"会陷进去，被困住"。在讨论这个问题时，他诠释道，他预期会变得有义务去取悦她，"做一切能够让她开心的事情"，这是他惯常的行为模式。约翰说："治疗了这段时间后，我不再是原先的我了。现在回想起来，我都不知道一开始是否有个那样的我。我不知道我在说些什么。或许我应该在来这儿前少使用一些药物。"我诠释道："我认为是你想要更独立的自我，但却为了取悦我们所有人而放弃了，当你离开我们去找寻你自己的时候，你不确定你在哪里，因而产生了一些不舒服的感受。"在这里，他把我的功能描述为净化他的阿尔法困惑状态的贝塔容器（Bion，1962b）。

我们继续探索他对于当即便在我面前且与我有联结时，心理上要与我分离的焦虑。我说："同时要成为你自己，且要与我联结对你来说很困难、很新鲜。你不知道如何在不成为我的镜子或者仆人来取悦我的情况下与我相处。"约翰同意我的说法，并表示他不想这也发生在自己和这个新女朋友身上，但他不知道如何避免。但是，他又想到几天前他去市中心吃午餐，顺便去了一个自动取款机查看他的银行账户还有多少钱可以用于买药物。他说："那时，我意识到我在想还有多少钱可以用来挥霍，而那看起来才太疯狂了！于是，我对自己说绝不。我回到卡车里，去吃了午餐。真是差一点。"

我诠释说，他突然对自己说不可以这样，与他通常"被自己的头脑绑架了"截然相反。这说明他突然更有能力且有意愿来为自己考虑了，并且与我分享他的独立想法。这朝向自动思考且与我平等交流成功地迈出了一步，使得他能够联结那些他通常会保密的更加冒险的领域。约翰"供认"

说他确实想要使用药物，因为他担心"周末和这个新女友在一起时他可能持续不了很长时间"。他慢慢地透露了他常常有一种对于早射的恐惧。他认为如果他使用足够的药物，他就能"维持足够长的时间来取悦她"。

我诠释道，他现在愿意用一种新的方式来看待这种恐惧了，也许我们能一起想出一个比滥用药物更好的解决方式。他说："这听起来真的很棒，但我一点也不知道该怎么做。"

此时，我感到反移情促使我去安抚他、向他保证他没事的，他是正常的，我们可以一起解决这个问题。但是，我也意识到这样做会变成由我来接管他的问题，而不是允许他去拥有这些洞见，并努力想出处理他焦虑的更好的途径，这样的话，他能够找到他自己的答案，并且作为一个独立的个体感到更踏实。约翰在那一刻能够安抚他自己，运用我们的关系来平复心情，并解决这些麻烦。因此，我避免了把理想化父亲的角色付诸行动，让他慢慢地成长为更强大的自己，由他来决定需要我做到什么程度。

关于害怕早射，我诠释说，他不确定是否仅仅与我在一起，与这位女性，或者与任何人在一起，就足够使我们满足，足够让他被接受，或者被爱。还正像他一直害怕的，我们会失望，生气，拒绝他。我诠释说，他可能希望以他本来的样子被爱，但是不相信分离、差异性，以及他自己都是可接受的。约翰告诉我："这对于他来说就是理所当然的，他从没想过还有别的可能性。但是，也许我们可以一起寻找一种新的方式。"

这是约翰的分析过程中关键的一刻，有两个原因。通常，他把我放进领导的角色，允许分离和通过移情表达个体特征。作为回应，他让自己成为追随者和取悦者这样依赖性的中立的角色，不得不服从我的命令，忍受伤害我或者在反击中被伤害的结果。但是，现在他能够看到我们，并且允许我们成为两个分离的但是一起工作来寻找解决方案的人。我们对此都能够有所贡献，我们独立的想法碰撞在一起可能会产生更有帮助的东西。因此，这是一个更成熟的朝向整合、希望、相信自体和客体可以共存的抑郁性转变。

此外，这是约翰内在成长、精神凝聚、把内心分裂的各个部分整合起来的一个重要时刻。几年来，他说起自己的时候都会说"我们"。他不会说"是的，我现在理解了，我认为我正在努力做一些改变"，而是说"是的，我们现在理解了，我们认为我们正在努力做一些改变"。这不仅仅是一个不寻常的说话模式，也是一种内心分裂的症状，无法拥有一个清晰的、独立的自体。他遭受着很多冲突，以及巨大的抑郁性幻想，他经常攻击他自己，把自己的想法和感受变得安全而没有冲突。他随时准备好成为你需要他成为的样子。这导致了一个支离破碎的心智，有着很多碎片，他变成了一个"我们"，而不是一个"我"。而现在，他找到了整合的自体。现在他说的"我们"，才是"你"和"我"。

所以，我们正在探索他对独立身份的恐惧，从而伤害客体，并可能受到伤害。他通常的模式是防止分离，鼓励一种共生的依恋，希望因为他的镜映能力而被爱。通常，对约翰来说，抑郁心位的个体化机会以及对差异的欣赏更像是一个危险、崩溃、失败以及被遗弃、内疚和迫害的地方。我们探索的结果是，约翰似乎不那么焦虑了，在是否使用毒品和酒精方面有更多的选择，在他作为一个独立的个体出现后，对自体和客体的生存有了更多的信任。关于他对这个新女孩的担心，我也解释说，他冒着独立的风险告诉我，他想看看这个新女孩，和我一起探索他们的新关系，尽管他的父母说他为什么不应该这样做。

约翰说他真的想"检验一下，看看事情会如何发展，至少是现在"。他提到带她去了另一个音乐会，随即又改变主意说："也许带她去听音乐会是个错误。过去，和其他女人在一起的时候，我不得不放弃我快乐的时光，因为我得确保她们觉得愉快。有时，我想在两段表演之间出去放松一下，或者到河里游个泳。但是，我却只能牵着她的手，担任她的向导。"

我诠释说他一直在告诉我他是怎么喜欢这个新女朋友，并且期待和她一起听音乐会，但是现在他做出了攻击，把这个地方描述成一个"困住他"的地方。在这里，我诠释了这个投射性认同的过程，他对渴望自己变得更加独立施以了限制和惩罚。在我做出评论以后，他的焦虑似乎减轻了，他说："也许这也没有那么糟。我想我们可以互相尊重对方的需求，这样就能行得通了。我记得当我们第一次去听音乐会的时候，她对此完全没有意见。我去酒吧放松了一下，喝了杯啤酒，和兄弟们吹吹牛，而完全不必担心她在干什么，她需要什么。我很放松。她能够享受音乐会，我也能够感到很自在。然后，我们一起回家，一起度过快乐的时光。这很酷。我希望我不会搞砸了。"我诠释说："你说的不会搞砸是指滥用药物问题，以及你害怕成为自己。"约翰回答道："噢！你说对了！"

讨论

有一些患者会挣扎于对与客体的联结或者缺乏联结的原初抑郁幻想。这些患者会在认同这个坏客体和对其表现出高要求、好争斗、冲动任性之间来回转换。或者，他们通常表现为那个不被爱的、被动、焦虑的孩子，通过取悦客体来避免被拒绝、被遗弃，或被攻击。的确，这种去拯救、帮助，或取悦的需要是一种寻求关注、预防损失、避免冲突和愤怒的混合物。在持久的生活方式中，他们几乎没有信心去原谅、修复，以及理解。在临床氛围中，他们的分析师很容易会扮演各种角色，比如爱评判的权威，慈爱并给予指引的父母，或者爱控制、指挥的自以为是者。

约翰的案例代表了这类感到有伤害客体或者被客体伤害的危险的患者，试图去取悦、顺从、拥护客体来维持安宁。约翰只是在很温和的语言形式上，并且极少在行为层面转换为彻底认同这个生气的、拒绝的、伤害性的客体。对约翰来说，他生活中的所有人都有各自的生活，也有权利来自由表达他们自己。然而，他却不允许自己也有这样的权利。

这种对分离或者个体化的审查就是约翰这类患者的特点。这种类型的患者挣扎于原初抑郁反应，例如内疚、恐惧、焦虑等。约翰一开始治疗时的突然终止、他的药物及酒精滥用、他难以维持的关系，以及生活不稳定、不独立、敏感、空虚这些特点，让他人格中的边缘性、偏执-分裂程度更加明显。这类患者在抑郁心位有这些不安全、不可靠的特征是很常见的，他们的抑郁功能会很脆弱，经常会瓦解成偏执-分裂心位。因此，我开始探究约翰经验到的内在焦虑和空虚感，如果他没有处理好这些情绪，他要么认同他父亲的具有攻击性的男性形象，要么退却成一个消极的、取悦别人的、希望别人喜欢自己而不被抛弃的小男孩。概括来说，我们在寻找并建构一个新的"我们"，这个"我们"可以让自体和客体共同存在、成长，并且爱彼此。约翰开始相信他可以做到与人相处不再伤害别人，或者担心被人驱逐或攻击。

第五章 乐园之忧：抑郁领域中的分离与

个体化创伤

斯坦纳（Steiner,1984）提到患者用来处理内在经验的全部防御方式都会在转换的过程中再次经历。当患者不管在偏执-分裂心位还是不成熟的抑郁心位时，过度依赖投射性认同和分裂，这种反移情会造成一种不可靠的局面，分析师会诠释性地付诸行动，有时候会成为患者希望得到的理想化客体，或令他畏惧的客体。斯坦纳（Steiner,1984）继续阐述说，现代克莱因思想把投射性认同不仅看成一种无意识幻想，而且看成一种人际的、情感上的行为，会影响分析师，让他产生一种在反移情中能有效被理解的心理状态，从而可以做出诠释。

然而，有时我们无法洞察到这种反移情，并且把患者投射的渴望、攻击、内疚、诱惑、恐惧付诸行动了。在很多心理分析培训中都认为，一定程度的活现是无法避免的，但重要的是觉察到它并使之用来更好地理解和协助患者处理他们的矛盾和挣扎。另外，克莱因学派的培训很好地展示了投射性认同不只是用来攻击、控制，还可以用来传达别的难以忍受的、未知的心理状态（Bion,1963; Rosenfeld,1971）。

斯坦纳（Steiner,1998）指出，某些患者会过度使用投射性认同机制，以此彰显其同一性、特权感、独特性或自主性。这类患者在幻想与人际互动中，往往会刻意扮演那个制造冲突与疏离的角色。他们通过塑造被动依赖的自我形象，诱导分析师承担指导、教化或控制的职能。在此过程中，他们迫使分析师要么替其思考，要么对其忽视，同时用分析师的特质取代自身的表现。这种在自主性、观点上、表现上对分析师的逼迫会变得强烈而具有攻击性，这会让分析师不由自主地告诉患者该做什么、该如何思考、为什么他们的观点不如分析师的观点。这种控制也可能让分析师急于安慰患者他的想法是对的、有价值的，从而为这些温顺的患者提供情感支持与认可。然而，所有这些形式的活现通常都很细微，很难追踪，因此很容易成为一个移情、反移情的潜在模式。

这章的两个案例中的患者展现了一种对更好地进行自我表达及从客体中分离出来的渴望，但同时也展现了不愿意尝试自主性、分离或成长。这些和为了逃避伤害客体或被客体伤害而去取悦别人、顺从别人的需求相关的焦虑会在移情中出现。因此，就像马尔科姆（Malcolm，1995）提到的，移情动力是探索和诠释的原初领域。患者对抑郁幻想感到焦虑是如何诠释的另一个路标。

换一种说法，分析师不得不确定，在那一刻，这种幻想到底是关于客体的还是自体的？ 通常，这会是两者的综合体。这些原初抑郁类型的患者为了取悦客体，避免分离个体化带来的冲突，会坚持力求成为理想化、消极被动的样子。他们把客体看成要么是被取悦的、受到安慰的，要么是

暂时受伤的、被冒犯了的、寻求复仇的。那些正在处理更为碎片化的抑郁
幻想的患者,内在经验会被感知为部分自体的丧失。的确,任何朝向自体
自主性的改变都会被看作一种对客体的健康和幸福的极端冒险。对自身成
长、个体化、产生差异性感到害怕的患者倾向于与分析师建立复杂的、多
层的移情状态,分裂和投射性认同会加剧这种状况。

费尔德曼(Feldman,1992)提到分析师在评估外在客体或环境的
时候可以与患者结盟,例如看一看父母对待患者是不是残忍的、不公平
的。在这个过程中,移情的质量被忽视了,患者操纵分析师重新创造一个
父母状态也被忽视了。我将把这个想法扩展到包括所有关于外部情况或个
人的讨论,所有这些都可能成为一种忽略移情的方式、一个潜在的反移情
陷阱。西格尔(Segal,1993b)提到,过度使用投射性认同,一些患者
会忽视分析师的真实情况,并将他们彻底视为其幻想中的客体,然后通过
各种形式的移情和行动,试图去实现移情中的某种幻想。西格尔指出,就
算抑郁的患者用一种具体的方式进行投射,也会给分析师带来某种特定的
感受,迫使分析师用一种微妙的方式付诸行动。

梅兰妮·克莱因(1940)提到,在最强烈的抑郁性焦虑中,自我会
诉诸躁狂的防御方式,例如理想化、否认,来处理糟糕的 pining 经验。
pining 是克莱因用来描述丧失和哀悼的艰难状态的一个词。所研究的这组
患者都在绝望地逃避理想化客体的丧失,以及现在的坏客体的迫害,于是
他们试图否认任何他们自己的非理想化状态,或者他们客体的非理想化状
态,希望维持一种没有冲突的地带,在那里宁静和爱的联结永远存在,但
是就像后面的案例素材表明的那样,这是有很大代价的。这种代价就是个
体化,以及自主的想法和渴望的丧失。分离和差异性永远不会被经验为安

全的、令人接受的、有益的或是健康的。当独立被隐藏、偷偷地品尝，并公开反对时，依赖呈现出一种绝望的样子。因为这种关于成长、改变、个体化的强烈斗争和冲突，大量的投射性认同被用来保护自体和客体免受这些可怕幻想的影响。当投射性认同是移情的推力时，反移情活现就很常见了。

正如现代克莱因学者（Waska，2010c）所研究的那样，反移情活现和诠释性活现很难避免，但理解它们、利用它们很重要。有时，它们可能会导致治疗的终结，这发生在第一个病例中，但分析师必须尽最大努力持续地自我分析，并处理这些在治疗中被触发的令人困惑的感觉和想法。有学者（Schoenhals，1996）指出，三角精神空间的创造是成功的恋母情结和抑郁成长的本质。然而，这个孩子体验自己和自己的思想要与对他如此重要的客体分开的时刻会有极大的压力，感觉到充满灾难。这种自己是独立的、不同的、自主的新经验，以及感受到其他客体也是独立的、不同的、自主的新体验，会让人感觉受到了威胁，感觉像是一种攻击、损失和突然的背叛。

在这一点上，有一个三角精神空间的坍塌。这种情况在第一个案例中经常发生，在第二个案例的反移情中也有体现。在分析的过程中，分析师变得愿意涵容（Bion，1962b）患者的投射，并允许患者在分析师的头脑中成为他们自己。我相信这些类型的患者挣扎于更原初的、不成熟的抑郁心位，遭受着有关分离和自主性的冲突，不允许分析师进入他们的思想，或者，如果他们这样做了，也是以一种非常受限的方式，他们不允许或容忍分析师长时间在他们头脑中成为一个独立的、不同的或自主的人物形象，而没有攻击、损失，或崩溃发生。

案例资料

这个案例反映了抑郁心位的脆弱本质，以及更多患者与之斗争的抑郁功能的原初状态。在治疗这个患者几年后，治疗突然终止了，因为分析师的活现，触发了她更多的受到迫害和嫉妒的感受，这些感受是关于分离个体化的。

苏是一位年轻女士，三年来每周为她做咨询四次。在此期间，我们有很大的进展。苏来见我，确信自己会彻底毁灭她的客体，并把自己的关系搞得很糟糕。她以各种方式重复告诉我了好几次："我不能做我自己。如果我停止关注别人，不再取悦他们，而是取悦我自己，或者甚至做回我自己，最终的结局会是我伤害了所有人，他们会不再爱我。事实上，他们会恨我的。"这是移情的核心，最终会成为投射性认同过程中的最重要元素，最终导致我一系列的活现，造成治疗过早地结束。

苏总是因无法取悦客体而感到内疚，而不是伤害客体、令其失望，或冒犯客体。她有着一种自己会导致关系毁灭的幻想，这种幻想强烈而根深蒂固。这在她的生活中制造了很多麻烦，并且产生了一个最困难的移情状态。

在亲密关系中，苏总是被那些自私、不愿意与她平等沟通的男人吸引。他们总是主导关系，关注他们自己，而让苏感到孤独、被遗忘。然而，她会否认自己的不悦感受，并谴责自己没有提供足够的亲密和爱。因此，她总是容忍这种关系很长时间直到她最终结束这段关系。可以说，治疗的结束恰恰再现了这一核心幻想。

然而，审视整个分析的过程，会发现苏总是有我对她不满意、觉得她自私而傲慢，所以对她厌倦了，并且可能随时拒绝她，或遗忘她的感觉。关于我是一个只关心自己需求的、主导关系的自私男人的幻想，被另一个幻想替代了，这个幻想是我是一个重要的人，被她的需求、她的抱怨、她不稳定且情绪化的唠叨打扰着。然而，当治疗最终终止的时候，这种幻想又转换回来了。可以看到我也变成了一个自私的、只考虑自己不顾她的需求的人。

我们一起探索了她的这种行为模式，于是情况有所好转。苏开始和那些能够更加开放、平等看待她、营造良好关系的男人在一起。然而，治疗的漫漫长路上还有其他崩溃、不顺的地方。

在移情中，她确信我对她很不满意、很失望并被她伤害了。几年来，她几乎央求我认同她的糟糕、消极的自我形象。这种施、受虐的相处方式，变得越来越强烈，苏告诉我："你恨我，我就知道！对不起，我真愚蠢。请你不要抛弃我！"我试图探索她对我可能产生的愤怒、失望或沮丧感，但都没有成功。有一段时间，她对我的幻想，从一个愤怒的、拒绝的、很容易被伤害、需要取悦的客体，转变成了一种更浪漫的移情状态。但是，她对被拒绝和被抛弃的潜在恐惧仍然存在。苏告诉我："请不要把我推开，不要忘记我。被遗忘是我最大的恐惧。我觉得如果你不把我记在脑海里，我就会消失在尘土里。我相信有一天你会说你和我结束了。你就会忘记我，我就会枯萎。"我说："你将不再在我的心里了。"她哭着说："是的。我将不会再存在于你之内了。"基于她生活中和大多数人的相处方式和移情，我一直在诠释她对做自己的恐惧，以及这将如何伤害他人，导致他们转向她或离开她。做她自己，独立，活着，就是要求被遗忘，或者更糟。

　　随着时间的推移，由于苏使用了强烈的投射性认同动力，我发现自己会产生一些小的活现。当她的很多与我相处的方式变成性感的或浪漫的之时，我仿佛被拉进了一种类似与她调情的关系中，她有一种强烈的潜意识，希望我是领导者，以及聪明和强大的父亲，告诉她她做得好，还是做得不好。所以，当她穿着一套性感的衣服来见我时，她很快告诉我，她很抱歉那天去剪了头发，她确信我会因为她看起来很糟糕而感到厌恶，并很快就会厌倦她和她做的糟糕决定。

　　最重要的是，她创造了一个移情，这个移情中客体是爱评判的，也很容易受到伤害，并以拒绝的形式进行报复，除非她坚持成为一个沉默的、被动的、共生的人。独立和个体化对我们俩都是一种威胁。所以，当我诠释许多关于色情移情的知识，以及为什么她会在夜间梦和白日梦里和我发生性关系并生活在一起时，我也把这些诠释为这个被动的追随者塑造的，她害怕自己的自我意识以及她这个版本的我，所以需要她以某种方式行事，否则就会受伤。

　　如前所述，投射性认同的强度有时很难处理，经常影响到我的诠释立场。苏会给我讲一些关于最近的一些工作的事情，她做出的一些决定，或者她选择与朋友或同事互动的方式。她告诉我这个故事的整体信息是刺激性的，因为它引诱我去提出一个更好的做事方式，或去质疑她的观点和判断力。

　　临床观察表明，当我就其情况发表见解后，苏会立即陷入强烈的自我贬低状态。她常以"尴尬地暴露自己的愚蠢"来描述表达过程，并强调"不该向您这样受过高等教育、思维敏锐的人倾诉自己可悲的生活"。这种互动在反移情中唤起我的内疚与痛苦，但我仍坚持探索这些反应背后的心理本质。通过逐步分析，我们发现：苏实际上正在发展自信、决断力与独立身份认同。然而，她总是以受虐的方式呈现这个新生的自我，仿佛邀请我对其进行评判，并期待我用"更优越、更成熟的见解"来否定她的成长。这种模式表现为：苏先以更开放大胆的姿态进入治疗关系，随即通过投射性认同诱导我成为主导者，而她自己则退回到被动、渺小的位置。这种矛盾的动力机制最终导致了治疗的剧烈终止。尽管在多数治疗过程中，我们成功诠释并处理了大量由投射性认同引发的移情–反移情付诸行动，但这些模式仍持续存在。它们不仅限制了治疗的实质性进展，更阻碍了苏建立稳定的自我认同——使她难以真正接纳自己的情感、思想，并在此基础上获得自信。

在整个分析治疗的过程中，我曾多次向苏解释，她可能将对客体的强烈愤怒和失望进行了投射。然而，这种洞察直到治疗第三年末期才逐渐被其接受——她开始能够容忍并与我分享部分相关情感。值得注意的是，当这些情感浮现时，她往往会表现出自我界定和主导互动的倾向，而非保持传统的被动分析姿态。这种表现通常会立即引发她的歉意，继而通过合理化解释和自我贬抑来压制这些自主行为。尽管如此，在她的人际关系中，无论是在工作中，在恋爱关系中，还是在移情中，她都开始有了一些自我力量感，以及开始去表达她的积极情绪或消极情绪。因此，治疗有进展，但仍然以一种艰难的方式，伴随着频繁的原初抑郁发作，包括弥漫性内疚、病态悔恨、被排斥感，以及根深蒂固的"终将被抛弃、被遗忘"的信念体系。移情仍然是一种理想化的状态，在这种状态下，我触发了爱，释放了仇恨。然而，治疗的过程中会有一些裂痕，她会告诉我"在治疗时段，治疗师却迟到了"，她觉得我在"让她遭受经济损失"。我将此诠释为一种新的风险——这表明她开始敢于主张自身权益，甚至萌生维护个人利益的意愿。她通常会为自己的想法道歉，并在这个过程中否定或忽略我所说的话。

苏的愤怒和她控制我的需要在多年来的几次不同的治疗中显现出来，所有这些都是由于无法容忍从客体中进行分离，或拥有个人需求。当我从候诊室出来接她的时候，有很多次苏"确信我对她很生气，无法忍受，仍然因之前的治疗过程而讨厌她。"其他一些时候，她"真的很担心，因为她感到，当我们走进办公室时，我看起来很难过且疏远。"这一定是因为她做的什么事，或者，即使她没有做过什么事，我也需要她离开，以便我可以休息一下整装待发。

在几次治疗中，我喝水时塑料瓶发出了声音，或者在椅子上移动时弄出了声响，会让她立刻感到惊慌，并确信我要么感到沮丧、生气，要么失望。在这些时刻，我否定了她的猜测，而她不接受。我诠释说，她把我推到角落里，无法存在于她的想法中。我感到很生气、受伤或失望，仅此而已。在这里，我诠释了她所做的激进的控制和僵硬的投射，而没有考虑到我这个个体的差异、变化或独特性。

多年来，类似的情况也发生过几次。当她陷入危机时，或者因为我不在城里，但她觉得依然有必要进行治疗的时候，我们会花点时间打电话交谈。在这些电话中，苏有时会听到一些噪声，或是我翻动一张纸的声音，或是我移动了一个袋子以便清理我坐着的桌子，或是我的狗在后面。当我生活中的这些现实面貌突然进入她的意识时，她会感到非常沮丧。她会马上告诉我，她了解到我没有时间陪她，我很忙，所以她很抱歉打扰了我，或者如果我需要处理一些事情，她可以挂断电话。然后，我必须安慰她，说服她，并向她证明我确实很温暖周到，有时间与她交谈。在这里，我再次诠释了她控制我的需要，强迫我进入一些局限而非常僵化的形象，一个很忙的人，太全神贯注而没有注意到她，或者一个负担过重而无法满足她的需求的人。我独特且独立地展现我个性的声音，打破了一个与她完全一致的镜映模式，是令人震惊和无法接受的。因此，她以一种受虐的方式攻击了它，她通常会活现一个爱道歉的侵犯者，同时让我成为一个软弱、沮丧、不知所措、愤怒的坏人。但是，我别无选择。她控制着我，把我推到那个角色里，而没有任何探索、好奇或改变的余地。我想，与之类似的情境是有一次当我谈论了五分钟我周末做了什么事情，而这正好是在苏居住地的附近，她感到我入侵了她的生活，并结束了这种体验。

因此，这些议题在治疗的第四年一次关键会谈中集中爆发。我将此理解为一种周期性现象——作为分析师，我的独立存在会不可避免地"侵入"她的内心世界，挑战她根深蒂固的幻想，即我们之间必须维持一种施受虐的配对关系，在这种关系中，无论是她主导还是我主导，任何明确的自我界定都是被禁止的。多年来，我通过治疗中的"活现"有意打破这种禁忌，例如：做出理论性的评论、回应她对弗洛伊德理论的疑问、在她注意到我的新车时简短讨论它，甚至偶尔提及我常去的商店。尽管一定程度的付诸行动和诠释性活现在分析过程中难以避免，但这始终是一个需要谨慎对待的问题——我们永远不能假定这些行为对患者毫无影响。特别是对于自恋型或边缘型患者，以及那些深陷原初抑郁幻想的个体，这些私人信息很容易被吸纳进他们脆弱的现实控制机制中，重新触发原初的内疚感、被迫害妄想或施受虐冲动。

另一个潜在风险在于，这类患者在面对差异、独立和分离的冲突时，往往会对那些能够自由展现这些特质的人产生强烈嫉妒。因为这些人能够坦然体验自主性，既保持联结又发展个体化，而不被内疚或迫害感所困扰。对这些患者而言，他人的独立性反而可能被体验为一种剥夺或入侵。

于是，我们讨论了苏的计划，让她的新男友加入她的办公室聚会，他说他不认为这是"合适的"，他是一个部门的经理，说他认为事情"应该保持在专业的基础上。"苏描述的方式是合乎逻辑的，并且同意他的观点，但我察觉到她保留了一些失望或沮丧的感觉。当我询问时，她一开始否认了这一点，并表示男友说得很有道理，她尊重他的选择，说这是一个"专业的工作环境"。

在反移情中，我注意到自己对苏的男朋友感到愤怒，因为他似乎控制欲太强、太正经或不讲道理。于是，我问苏，她是否会觉得很难向我表达她的全部感受，而不是通过表示谅解来和我以及她的男朋友保持和睦。苏告诉我："嗯，我确实感到有点失望，好像他在制定规则。"我只是想要让他陪在我身边。我试图为他做一些事，或者和他一起做一些事情，最近我真的试着和他真诚交往，向他展示我的真实个性，而不是掩藏起来，试图取悦他。我想分享更多关于我的情况。"我说："那么，他拒绝了你的邀请，感觉就像是拒绝了你吗？"她回答说："是的。但是，我正试图去理解。就像我说的，我想和他分享我的爱好和兴趣。我刚邀请他去我家附近的一家小餐馆共进晚餐。这将是一个惊喜，因为他们专门做正宗的南美食物，我真的很喜欢，我想和他分享一下。这个餐馆很干净，装饰得很漂亮，离我的公寓只有几个街区。"

在过去的一年里，苏告诉了我很多关于她公寓的事情，包括她睡觉的总体布局（包括我们在一起睡觉的幻想），她如何在门廊上穿比基尼洗日光浴，以及她在厨房做饭的一切。我诠释道，她想让我进入她的世界，和她在一起，尽管她很胆小、矜持，并且确定如果她敢以任何方式炫耀就会遭受惩罚，她还是愿意冒险和我以害羞、取笑的方式调情。苏还用许多丰富多彩的故事描述了她在社区里最喜欢的活动，告诉我她每隔一天去的健身房和她喜欢去的当地公园。苏告诉我，她认识了一些当地人，也很喜欢在公园里被几个公园的常客认出来。在这里，她描述了她是多么喜欢这个社区，以及"我觉得自己长大了，快乐了，在我自己的地方。感觉这就是我。"

这句话很重要，因为在接下来发生的事情中，苏突然从感觉像她的分析师，变得分离、独立自主，变为感觉被入侵、被主导，没有自己的个性。

碰巧，在这次治疗的前一天，我第一次去这个城市的那个地区吃午饭。当我的办公室在城里时，我只是来城里工作，很少来消遣。但是，一个朋友邀请我去吃午饭，然后在城里的旅游区散步。所以，我现在充满了苏告诉我的地区的视觉信息。当她告诉我关于这家特殊的餐厅和它的位置时，我问它是不是在XYZ街。苏说："你最近去过那里吗？"我回答说："是的。我昨天第一次去那里吃午饭。那是一个美丽的地方。你告诉我的那些地方是在附近吗？"

在接下来的五分钟里，我们交换了一些细节。我发现自己像一个兴奋的游客一样不停地说话。然后，苏突然紧张、愤怒、焦虑地说："请不要再谈论你自己了！我希望你不要再谈论你自己了。"办公室里瞬间陷入寂静，在一阵强烈的紧张、惊慌和愤怒之后，我说："好吧。我明白你的意思了。很抱歉垄断了对话空间。你现在是什么感受？"苏坦言，她早已厌倦我"过多地谈论自己"。她举例说，当她提及自己去过的地方、喜爱的艺术家、看过的电影，或是工作中的决策时，我总会分析其中可能的冲突或移情斗争——但更令她困扰的是，我总会对"这些外部话题加入自己的观点"。我直接问道："是否让你感觉被入侵了？好像这成了我的治疗，而不是你的？"她立刻回应："你如此频繁地谈论自己，这感觉不对。现在一切好像都颠倒过来了。"

在接下来的会议中，苏告诉我她想休息一下，她需要在我们之间留出一些空间，有时间和我保持距离。我说："当我说我在你住所的附近时，听起来吓坏了你，好像我在入侵你的空间。如果确实是这样的话，我很抱歉。我希望我们能谈论它，并试着理解它，这样你就能感到更安全。"她说她不确定她是否想回来，甚至不知道她是否会回来。事实上，她第二天打来电话，说她不会回来，并带走我的书。尽管我打了两个电话，问她是否愿意再谈谈自己的感受，但她一直没有给我回电话。

在回顾我的行为和整个治疗过程时，我得出了几个结论。通过投射性认同和反移情动力的视角，我认识到苏持续地将她对独立性、自主观点、力量感及分离体验的深层恐惧投射到我和其他男性形象上。这种防御性操作使得她在特定阶段需要依附于一个能明确界定现实、主导关系、提供绝对是非判断的男性形象——在这种关系配置中，她才能获得短暂的安全感。我当然在这个过程中陷入了困境，但我也在整个治疗过程中诠释了这种移情。治疗关系确实发生了显著（虽非彻底）的转变。当然，这种安全感本质上是一种限制性的心理防御——就像一件束缚行动的夹克，迫使她以被动顺从的姿态维系关系，唯恐违背"主人意志"就会招致惩罚和抛弃。事实上，对于苏和其他同样有这些更原初的抑郁幻觉的患者来说，核心恐惧在于被重要客体遗忘和拒绝。当她们尝试发展独立性时，潜意识中会幻想这将导致客体永久性抛弃。苏通过受虐型自我表征来容纳她的愤怒、权力欲和自我意识："我是治疗师最令人失望的患者""我是最不合格的朋友""我是每段关系中最糟糕的女友"。这种病态的独特为她提供了某种保护，规避了因真正独立而引发的抛弃恐惧。然而，这种防御性解决方案付出了沉重代价：任何朝向健康个体化的尝试——包括以积极方式体验快乐、形成独立见解或表达真实情感——都被其自体系统视为致命威胁。

回顾我提起拜访了她住所附近地区的经历我意识到其中涉及几个反移情问题，这些问题与某些投射性认同过程密切相关。不用说，苏对男友能够自主设定边界、明确表达需求且毫无心理负担这一点，始终怀有强烈的矛盾心理——既向往又愤懑。我认为她嫉妒每一个可以独立行动、可以说或做他们想做的事而不用害怕报复的人，尤其是像我和她男朋友这样的男人。这种嫉妒本质上源于：她身处充满分离与个体化可能性的环境中，却因内心恐惧而自我剥夺了这种自由，进而对享有该自由者产生怨恨性嫉妒。

当苏评价男友"有点不公平"却又表示"理解他的观点"时，我察觉到她压抑的愤怒与嫉妒——他能够自主定义关系边界和确立自我意识，而她却丧失了话语权。这种互动在反移情中激起了我的愤怒与不公感：她似乎永远无法完整地"拥有"自己。这种反移情最终通过我的言语无意识地显现："听着，我们完全可以轻松地在你的社区相处。我足够灵活包容——不像你那个刻板的男友。我们可以畅谈共同兴趣，而不必受制于那些死板的职业界限。"这番话本质上是在竞争性地证明：我能成为更理想的伴侣替代者，可以随意跨越她生活中的各种边界。在此过程中，我活现了苏内心被压抑的部分——那个渴望打破束缚、坚持自主而不必永远取悦他人的自我。然而当这个愿望真正通过我具现化时，她冲突的另一极立即被激活：强烈的愤怒与被侵犯感喷涌而出。所有防御规则瞬间重建，而我则遭受了她最恐惧的惩罚形式：被拒绝、被抛弃、被彻底从她的心理世界驱逐。最终，苏不得不再次否认我们共享的个性化连接，将关系重新塞入那个熟悉的"施-受虐"框架：自体和客体被囚禁在彼此要求的角色牢笼中，永无止境地循环着失望与被失望的戏码。虽然这类反移情活现通常不会摧毁普通患者的治疗联盟，但对苏这样挣扎于原初抑郁层面的脆弱患者而言，治疗师的这种"越界"行为会激活其最原始的恐惧——那些关于存在性威胁的可怕幻想。

总的来说，苏的治疗是成功的，但在我的治疗判断失误中，剩下的核心情绪问题出现了，扼杀了我们继续疗愈的机会。对于分析师和患者来说，当改变有可能发生，但被视为对自我和客体的威胁时，很难找到一种共同工作的方法。这些可怕的幻想可以在强烈的投射循环中被激活，从而创造出这样一种情况，即使取得了巨大的进展，建立了信任，一个不理想的事件也可能意味着结束。笼罩在治疗上的乌云就是这些关于分离、自主、遗弃和迫害性内疚的微妙且令人害怕的问题持续出现在移情中。

因此，在经过多年的艰苦咨询后，看到这种风暴般的突然终止是令人沮丧的。在多年的分析工作中，苏在她的内在和外在生活中做出了许多至关重要的改变。她从秘书的工作开始，在大多数方面都感到自卑和无能，回到研究生院，进入科研领域，在那里她立即证明了她的科研能力。苏开始健身，并开始更尊重她的身体，而不是把它看作"一堆无法定义的脂肪"。如前所述，她选择的男人从那些自恋的过于自以为是的、完全不顾苏的个体性、常常忽视她的需求或观点的男人，转变成了那些尊重她、鼓励她去做自己，会询问她对事情的想法的男人。关系变得像一种共同的相互关系，两个个体是分开但又是统一的。苏进入治疗时的那种抑郁、持续的哭泣、强烈的受虐、自我憎恨和严重的焦虑，转变成了当她想要或需要变得更个体化和强大时，她会更容易控制她的怀疑和不安。

　　似乎一方面，我让她的一些关于独立自主、拥有自我感的持续的冲突和恐惧反复了。但是，我相信，即使我的活现导致了她终止治疗，我们还是完成了很多工作。也许，苏准备和我分开，自己尝试一下，这是切断纽带的唯一方法。与此同时，也许我阻止了她获得更多的成长和个体化。也许是我将另一个男人阻止她将男女平等、拥有隐私和完整性的幻想付诸行动，离开我她能够一劳永逸地感觉到分离、个性化，说再见而不害怕被报复或感到内疚。最后，在幻想中，我似乎是在认可她的恋母情结愿望，以及她在公寓私密空间里的调情描述，于是她不得不背叛我。正如在本案例开头所提到的，苏在接受治疗时对那些利用她、忽视她的需求和个体性的自私男人感到愤怒。她容忍了这么长时间，然后把男人赶走了。然后她感到非常内疚，责怪自己，于是这个循环又重新开始了。一旦接受治疗，她就从对这些冷漠的掌权者的愤怒变成了担心我现在是她那自私的、伤害的行为方式的受害者。最后，她又回到了厌倦忍受一个淡漠的人，又一次站起来继续前进。在此期间，她努力工作，成长为一个更独立自主的女人，在许多方面为自己感到骄傲，我相信她准备好了。

　　在对那些与哀伤、迫害妄想、丧失体验和情感崩溃等深层心理冲突抗争的患者进行分析性治疗时，治疗联盟常会面临信任危机、希望感脆弱化以及成长受阻等临床挑战。我知道我本可以做得更好，我觉得我应该做得更好。但是，我也认为我们在一起做得很好，并成功地建立了一个在她的生活中前所未有的功能和视角。尽管治疗过程充满混沌与波动，甚至以激烈的方式收尾，但根本性的转变已然发生。最重要的治疗成果或许是：苏开始能够相信，做自己并不必然带来对自己或他人的伤害性后果。这可能是苏和我的治疗的结束，但也是她自己和她未来客体的更充实的生活的开始。

案例素材

在大卫分析治疗的第三年，在我宣布我会离开一周后，他告诉我："我将在你度假前一周离开，回来后见你。"我回答说："你说得很轻松。我很好奇你的感觉是什么，或者被搁置的情感体验是什么？"鉴于大卫惯用智力化防御机制来隔离情感，这成为探索他为何需要通过控制性方式来维系治疗关系的切入点。在头两年，我无意识地活现了他通过投射性认同诱导的反移情——被动附和他冗长而事无巨细的独白。这些独白实质上是其控制欲的体现：既试图取悦治疗师以证明"达标"，又通过对心理模式的过度审视来维持关系主导权。这种互动模式将我塑造成一个沉默却具统治性的父亲形象：既是他渴望取悦的理想化客体，又维系着极其脆弱的治疗联盟。该理想化表征极不稳定，随着他的行为变化及我的反应而随时崩塌。与先前苏的案例相似，这种单向关系动力源于大卫根深蒂固的预期——他坚信自己终将在治疗中令我失望。但防御性姿态最终逆转：他从"害怕令人失望者"转变为"体验被拒者"，彻底退出治疗。不同于苏案例中我对施受虐移情的过度言语反应，在大卫的治疗中，我的反移情活现为参与不足——对他执着于细节的僵化移情产生倦怠，任由他用事实材料稀释情感互动。尽管如此，我仍努力保持反移情觉察，并基于临床材料做出适时诠释。

大卫在回答我关于他对我们两周不见面缺乏兴趣的问题时说："我对这种关系的看法已经改变了。我曾经认为我会从中得到一些非常特别的东西，我曾经以某种方式见到你。但是，现在这一切都改变了。所以，如果我们有几个星期不见面，我可以接受。我不觉得我会错过任何重要的东西，我也不觉得我欠你了。"反移情中，我的感觉就像第一个患者苏告诉我"停止谈论我自己"，她"不想再和我在一起了；感觉不太对。"我做好了迎接后果的准备，我想知道他们心中的突然而戏剧性的转变将如何影响我们，我的命运会是什么。与两位患者大多数治疗时间里常态的投射性认同移情不同的是，他们觉得我随时准备将他们看作令人失望的、错误的或糟糕的人。不管怎样，它们都将不再是必要的，也不再是被需要的。所以，对苏来说，她最终的恐惧是"被遗忘和抛弃"，大卫在接受治疗的第二年告诉我，他一生的恐惧是"不被注意，不被爱，毫无价值。"他说："你知道，我父亲很残忍。他打了我，扇我耳光，还踢了我。他还逼迫我舔他的靴子。但是，最糟糕的感觉是，他抛弃了我，背叛了我，不再像我想要的父亲那样了。"

我回应大卫说："你听起来很欣慰，也有点悲伤或失望，因为我不再是你想要的那个人了。"大卫说："这是之前的一切，但我现在正在处理它。我只是想接受这不是我所期待的。"我回答说："我什么时候让你失望了？"在这里，我诠释了从理想配对到理想化客体的转变。我这样做是为了澄清他是如何看待他的思想上的转变的。他说："自从与保险公司发生事故后，我就一直感到失望。我开始意识到你不是我想象中的那个人，无论如何你都不在乎我。你确实在乎，但不是那种无论如何都在乎的方式。你让我失望了。"

在这里，在反移情中，我感到了一种恐惧，并意识到我作为他心中理想对象的位置正在失去。在整个治疗过程中，就像苏的案例一样，我被置于一个权威、权力和智慧的位置上。但是，这个狭隘的角色功能也给了我一个令人生畏、支配、苛刻和自私的角色，在这个角色中，我的追随者不得不取悦我，并确保他们听从我的命令。他们必须确保不让我失望。要做到这一点，他们处境艰难，因为他们觉得有必要降服他们的个体性，让我成为主导者。所以，他们试图隐藏任何独特的、可能被视为与我不一致的个人想法或感受，因为害怕冒犯我或挑战我不是唯一一个有独立自主思想的人。

大卫对自己的个体性，以及暴露和表达他独特的自我感到恐惧，这在很多方面都是显而易见的。他很难在支票或文件上签上名。有一次，他正在给我写一张支票，他不得不停下来，思考如何签名。我问他怎么了。大卫诠释说："为了让所有人高兴，我已经习惯了在不同场合签不同的名字，最终我有了多个签名。但是，有时我会困惑写哪个，如何写。"

我诠释说："换种说法是，你和我在一起，而不弄清楚我需要或想要什么，会让你很不舒服。"他同意了。我说，他正在努力控制我们，并确保我最终会有我们都是被控制的囚犯的感觉。在这里，我讲述了一个观点，他不仅取悦我来减轻对我的伤害，或对他自己的伤害，而且他事实上不仅仅是一个受害者，而是通过试图控制我，让我来成为这种强烈焦虑的创造者。

　　回到他觉得我已不再是他所期望的样子，并让他感到失望的问题。由于他使用健康保险来支付治疗费用，在医疗方案改变后，他需要打电话给保险公司，要求一个新的"授权码"来激活他的精神健康保险。几个星期过去了，大卫忘记打电话了。我提醒了他几次，当他最终打电话的时候，他被告知新的授权代码只能从授权那天开始，不能回溯。他告诉了我，并问我该怎么办。我告诉他，他应该试试让他们回溯，但如果他们无法回溯，他就得自掏腰包支付这两周的费用。当他给他们回电话时，他们告诉他不能回溯，但如果我去他们的网站，我可以自己手动去做。我告诉大卫，"这太荒谬了"——保险公司作为一个真正的供应商怎么可能做不到这些呢？他又打了一次电话，他们又一次告诉他我需要在网站上这么做。

　　当大卫告诉我这些时，我的反移情是由前几个部分组成的。首先，我厌倦了不得不面对与保险公司合作的无尽而巨大的荒谬。所以，这一次，我沮丧地说："对不起，但我没有时间浪费在这些事情上。我几乎可以保证，这不是它应该的运作方式。如果我能改变他们网站上的日期，他们当然也可以这样做。我知道这两周你没有在他们的电脑系统里，因为你们公司没有及时提供数据，但这不是我的错，也不是你的错。但是，如果你早点打电话，他们可以放进去。然而，我不明白为什么他们不能回溯它。底线是，我不想那样做，因为我知道这是在浪费我的时间，而且我没有这些时间去浪费。对不起，这不是我的错，也不是你的错，但事实就是这样。"

　　与此同时，我真诚地告诉他我的感受和我需要采取的个人立场。当我这样做的时候，我感到一阵紧张和内疚，但我也为自己坚持己见感到很好。这最后一部分很重要，因为我相信这是投射性认同过程的一部分，在这个过程中，大卫向我投射了一些不想要的、不舒服的精神状态，但也不确定他是想让我运用它们，还是简单地埋葬它们或摧毁它们。这些细节将在接下来的治疗中出现。

他在治疗的一开始谈到他对"最近经历了艰难时期"的女朋友有多难过。她的体重很重，部分原因是她因背部问题而无法进行锻炼，部分原因是她正为她的下一步事业发展感到不知所措。"我一直在努力去支持她，建议我们去跑步，或者邀请她去健身房。"大卫继续讲述了一些他试图支持她的各种方式，并想出一些想法来帮助她保持身材，让自己感觉更好。

在反移情过程中，我感觉到当他强调他自己是一个多么好的、支持性的男朋友时，他在对我隐藏他更沮丧的自己。我诠释说，他可能会因为她变胖而难过，他对此不高兴，因为这无法取悦他。但是，他觉得他必须让我看到他是一个完全无私的人，否则我会对他感到失望。所以，他必须压抑自己的真实想法，把这个预先伪装好的形象呈现给我。

大卫说："我感到你发现了我的坏。我觉得很内疚，但这是真的。我不喜欢她的肥胖。我想让她去健身房什么的，然后开始减肥。我不想要一个肥胖的女朋友，但我觉得这种感受和说法是不对的。事实上，我觉得自己很自私，好像我只是在照顾自己，对她并不好。"我诠释说，他想要成为理想的、全心全意的人，没有任何自己的立场，就像他想要我成为他理想的、无私的客体一样。大卫说："这就是为什么我对保险公司的混乱感到不安的原因。我想让你成为一个让一切都变得更好的纯粹的人，但你确实有自己的看法，我无法忍受。我不想让你有自我，我希望你成为纯粹为了我好的人。"我诠释说："当你意识到这一点，并承认你确实有不同的期待和需求，这可能与我或她不符，这是非常痛苦的。"要让我在你的脑海里成为我自己，很难不感到失望、受伤或生气。大卫说："这真的很艰难，但我正在一瘸一拐地前进，因为在内心深处，我知道这正是我需要拥抱的东西。"我想做我自己，并最终相信其他人都会接受它的。没有人会因为我向世界介绍自己而灭亡。我不会受到惩罚，我也不必感到内疚。在这里，这是一种痛苦的、困难的，但极其重要的成长，朝着更成熟的抑郁功能的方向发展，自体和客体都作为独立的、不同的、自主的存在，但仍然在一起，能够尊重和彼此相爱。

第三部分

艰难境遇下的分析性联结之路

第六章　竭尽所能：与非依恋患者
建立分析性联结

　　由于媒体偏见的影响、大众对精神分析文化的不感兴趣，以及管理式医疗行业日益严格的限制，心理分析的实践面临着一种极其困难，有时甚至难以为继的氛围。精神分析领域多年来一直受到攻击并衰落，但直到最近，这场危机才被从业者意识到。我在之前的出版物（Waska，2005，2006，2007，2010a，2010b，2010c，2010d）中记录了许多研究和文献。这些研究和文献表明，典型的精神分析师在接受培训后，最多有一个患者会进行每周四到五次的躺椅分析。大多数获得资格认证的、从学校毕业的分析师的患者都是每周只来一到两次，有时使用躺椅。这些患者有严重的精神障碍，包括人格障碍共病焦虑和抑郁问题。许多人还有酒精或毒品问题。患者来接受精神分析治疗是为了解决婚姻破裂的问题，这种情况并不罕见。在这些情况下，治疗变成了由一名精神分析师进行的夫妻治疗，试图与两个人一起努力，从多年的冲突中找到解药。因此，一个理想

化的、典型的分析师，多年来每周五次对许多高功能神经质患者在躺椅上
进行精神分析的场景，在这个时代并没有发生。

　　精神分析的整体危机，寻求高频率深入治疗的患者减少，以及申请培
训机构的候选人减少，都可以追溯到20世纪80年代和90年代。例如，
谢弗（Schafer，1997）在讨论与美国的实践相关的该领域趋势时指出，
仅仅试图维持一种分析实践就非常值得关注。他说，这些问题源于保险覆
盖范围的变化，承诺快速缓解而无须太多心理诠释的替代疗法，以及经济
的普遍衰退。一年后，泰森（1998）指出，这些问题是"深刻的且世界
性的"，而挑战是"巨大的"。这些关切已经促使国际精神病协会在1994
年成立了一个特设委员会来调查这些问题。该委员会于1997年在其题为
"欢迎来到危机"的报告（Engelbrecht，1997）中发表了其调查结果。
该报告指出，全球经济形势是部分原因。遗憾的是，自该报告撰写以来，
这部分情况变得更加严重。他们发现患者就诊量总体上有所下降，而寻求
精神分析学家治疗的患者对短期治疗而不是长期分析更感兴趣。他们还注
意到，人们对精神分析训练的兴趣有所下降。2009年，旧金山最大、最
古老的精神分析机构多年来第一次决定不设新的候选人，因为申请人数如
此之少。

　　在公众乃至心理治疗从业者群体中，精神分析正日益被视为一种过时
的治疗方式——缺乏可验证的疗效、精英主义且操作僵化。数据显示，如
今从精神分析培训机构毕业的治疗师，其临床实践已鲜少采用经典模式：
每周接待患者超过1~2次的情况寥寥无几，使用躺椅的案例更是屈指可
数。正如前文所述，自20世纪90年代以来的研究均表明，新晋分析师能
保持一名患者接受传统精神分析治疗（即高频次、使用躺椅的模式）已属

难得。取而代之的，是夫妻疗法和低频次的个体治疗成为行业常态。

　　然而，对缜密的治疗的需要永远不会过时，这样的治疗可以解决核心的、无意识的冲突，而这些冲突会扼杀一个人的人生观，毒害他们看待自己和他人的方式。虽然关于精神分析和分析性的心理治疗之间差异的学术争论继续占据着期刊和研讨会的时间，但实际的现实却更加清晰和直接。患者需要帮助来解决他们最严重的心理混乱，而弗洛伊德和梅兰妮·克莱因的工作要点仍然是提供帮助和情感转变的一种重要和极其有效的方法。

　　然而，目前的私人执业和诊所执业的现实情况是不同的，患者就诊量是不稳定的，有时相当黯淡。研究表明，患者接受治疗的时间可以分为三类。很大比例的患者在三到五次就诊后停止，第二组在五到十次就诊后停止，第三组设法持续更长的时间。因此，虽然我们希望看到所有的患者都在接受长期治疗，但只有1/3的人会进入一个持久的心理探索。当探究患者如何终止治疗时，也会出现类似的模式。大约1/3的患者在处理了他们的许多问题后，以健康的、双方同意的方式终止治疗。还有1/3的人是由于环境因素，比如必须搬家、失业、保险范围的突然变化，或者托儿问题。这组患者通常在处理情绪方面取得了显著的进展，但治疗还没有完成。最后一组突然终止，通常进展很小或在成长一段时间后，出现大规模反复，他们通常以一种对核心移情焦虑付诸行动的方式离开。为了真正研究我们的分析工作的本质，我们必须探索所有这三种临床情况。文献倾向于关注第一组，很少关注第二或第三组。本文中提出的两个案例突出了第三组，希望展示我们的工作有多困难，分析性的方式在这种令人不安的情况下仍然有价值，即使在这种明显非分析师的情况下，我们仍然可以以分析师的身份实践。

　　我的信念是，我们的治疗方法必须是能将克莱因和她的当代追随者的精神分析技术应用于在私人诊所和临床环境中治疗患者的现实世界。这可能意味着对技术的一些修改，但总的来说，它是根据传统克莱因工作中使用的相同基本原则来适应所有患者的治疗，而不管频率、诊断或外部环境。在以前的出版物中，我曾将此描述为分析性联结的建立。我们都在努力为每个患者创造一个精神分析过程，但这是一个动态的过程，可以在同一疗程内"你一句我一句"地交流，这取决于移情和反移情因素。当我们将这个过程分解为在内在心理层面上，患者和分析者之间的即时互动时，我们在审视正在发生或被避免的分析性联结。所以，如果我们能够将分析性联结的一致性时刻联系在一起，并保持临床氛围，我们就创造了一个持久的精神分析过程。

　　有些患者不会长期忍受这一过程。然而，即使在很短的、失败的心理障碍患者的治疗中，分析性联结也可以作为临时措施。我们是否可以维持这种状态，或者如果它被打断，且被患者或分析师阻碍，是衡量我们能否很好地对所有的移情始终提供变化的诠释，利用我们的反移情，并追溯到投射性认同循环的方式。这是一个衡量患者能否，或愿否容忍这些内在冲突的经验，并允许自己在分析师的精神中且分析师在自己的精神中，而没有诉诸夸张的方式逃离、捍卫、否认他们的重要客体相关的幻想。

　　为了扩大克莱因的工作范围，以适应今天的临床氛围（Waska，2005，2006，2007），我仍然主张尝试让患者去探索他们的潜意识幻想、移情模式、防御方式和内在世界的体验。无论治疗的频率、躺椅的使用、治疗的时间或终止的方式，精神分析治疗的目标总是相同的：对无意识幻想的理解，心理内在冲突的解决，以及自体/客体关系的整合。精神分析学家将诠释作为他们的主要工具，其中移情、反移情和投射性认同是诠释专注的三种临床指南。从克莱因的角度来看，大多数患者利用投射性认同作为防御、沟通、依恋、学习、爱和攻击的心理基石。因此，投射性认同不断地塑造和丰富了移情和反移情。

通过关注人际的、相互作用的、内在精神层面的移情和幻想，伴随着始终当时当地的、即时的诠释，克莱因模式可以成功治疗神经质、边缘性、自恋性或精神病患者，无论作为个人、夫妻还是家庭来治疗，无论频率如何、持续时间多久。

克莱因的分析性联结方法致力于阐明患者的无意识客体关系世界，逐渐为患者提供一种理解、表达、翻译和主宰他们以前无法忍受的想法和感觉的方式。我们与他们最深入的经验进行分析性联结，以便他们能够与他们的全部潜力进行持久的联结。成功的分析性联结不仅包括精神上的改变，还包括一种相应的失落感和悲伤感。因此，每一刻的分析性联结既是一种希望和转变的经历，也是一种恐惧和绝望，因为患者挣扎于如何适应与自己和他人相处的新方式。成功的分析工作总是会导致一个可怕的冒险、匆忙撤退、报复性攻击、焦虑地兜圈子，以及试图将治疗转变为不那么分析性的、不那么痛苦的循环。

分析师将这些对不稳定的成长之旅的反应诠释为一种引导治疗回到更分析的方式，一种包含与自我和他人更有意义的联结的方式。我们给患者的支持包括一个内在的誓言，即我们将帮助他们在这种痛苦的联结中生存下来，并与他们一起进入未知的世界。以下两个病例显示了试图建立分析性联结，并维持它的艰难，以及患者最终的中断、拒绝和破坏该联结。

案例

托尼来接受咨询是因为，他结婚五年的妻子准备和他离婚，如果他不能"找到办法打开心扉，更像一个男人，不要像一个机器人"。她希望他比以前更性感、更健谈。他们尝试过一些"不起作用"的夫妻疗法，而她现在正在接受个人治疗。她的治疗师建议托尼自己去看别的治疗师。在会见托尼时，我对他妻子对他的看法很感兴趣。在这里，我注意到了我的反移情，以及托尼在移情过程中向我展示自己的方式。奥肖内西（O'Shaughnessy，1983）指出，克莱因帮助我们理解了移情的动力为何总是一系列与客体相关的、无意识的和相互作用的事件，因此，我们的诠释应该总是关于患者和分析师在精神内在层面上的互动。

所以，我诠释说："你所说的一切似乎在告诉我，你被她送到这里，让我决定什么对你最好。我们告诉你该做什么，而你没有多少发言权。"托尼回答说："好吧，我希望她不要离开我，而你应该知道如何改变人。"我听了他的回答，并注意到其中的绝望；他把我描述为一个可以改变人且不需要他们自己参与的人。我觉得自己被误解了，想以一种愤怒或直接的方式来回应这个问题。相反，我设法克制了他对我的投射和我对它们的反应。涵容通常是一种沉默的诠释（Schafer，1994a），在许多临床情况下是必要的，特别是这样的紧张的情况，现在还不知道别的什么信息，说更多的话可能会成为活现，而不是其他（Anderson，1999）。

很快，我注意到这就像试图从石头里取血一样。我使用这个比喻是因为我认为这是托尼的虐待和迫害移情幻想，他通过投射性认同来把这些带入实际生活。由于托尼与我或与他自己无法联结的阻抗方式，我不得不试图找出他内在生命的证据。沟通似乎太危险了，所以托尼攻击了它，并避免了它。他仍然没有感情，到了极度冷漠的地步，然后试图让我把他理解为虐待狂的攻击（Schafer，1994b）。

托尼慢慢地、不情愿地透露了长久以来的一种感觉，"待在外面，不知道如何与他人互动，尤其是每个人似乎都喜欢仅仅为了说话而说话，没有真正的意义。"他停下来，经过漫长而痛苦的沉默之后，他继续说，"我想我在改变，你会教我如何和别人互动，让它看起来像是属于我的，这样至少可以让我的妻子留下来。"托尼用一种怪异的方式说这句话，让我觉得他是一个来自太空的外星人，想要一本关于如何悄悄潜入并融入这个社会的手册，但他并不想放弃他的外星人公民身份，而只是试图阻止他妻子的拒绝。所以我说："你不确定你自己想要这样吗？你只是为了别人，只是为了让她待在身边？"托尼说："是的，这是主要原因。"我希望听到一些关于他内心挣扎的事情，但却听到了这种具体的、像机器人一样的反应，我突然感到绝望，想要么放弃，要么以某种方式说服他敞开心扉，不再如此控制和谨慎。这种反移情再次向我表明，托尼对依恋的强烈攻击，以及对参与亲密关系和活动的防御，都被投射了。他还轻蔑和怨恨地谈论人们"喜欢进行愚蠢的对话。我不明白这有什么意义，我从来做不出来。我想我也不愿意这样做。"我又一次被自恋的蔑视和精神分裂的孤独这种混合体所震惊，托尼感到无力和隔离，但觉得自己也比他的客体更好。

在托尼突然结束之前，我和他有了十几次治疗，他继续表现出这种机器人般的人格面具下的悲伤和愤怒的混合感情。托尼是个又瘦又高、长相笨拙的男人，发型糟糕，眼镜很厚。他的两只眼睛都很"懒惰"，当我们说话时，他的眼睛没有关注过我。我从来不知道他是不是在看我，当我和他说话的时候，我也从来不知道该看哪只眼睛。这一方面给了我一种冷漠的感觉，同时也给了我一种邪恶的、令人毛骨悚然的感觉。这让我觉得我正在被仔细观察，在显微镜下，努力寻找如何和他在一起。我觉得我和一个疯狂的科学家在一起，他即将对我做些什么，但我也觉得我需要以一种特别小心、细心的方式来对待他，因为他看起来是如此的脆弱和陌生。所以，我感到奇怪，感到紧张，但也感到无聊，感到疏远。

在她关于处理反移情的论文中，皮克（Pick，1985）谈到了这一点，她说我们经常因患者的移情投射感到不安和焦虑，于是我们必须找到一种方法来控制这种焦虑，并提供一种诠释。最好的、即时的、变化的诠释通常是我们希望避免的，而且经常让我们感到害怕，但却是最明确的、对患者最有用的。因此，我必须找到一种方法来控制我的不感兴趣、谨慎和被审查的感觉，以便构建一个处理这些投射的诠释。

因此，我诠释说，他对接受治疗不感兴趣，但感到非常焦虑，觉得被我审视。我补充说，他可能对自己的处境感到愤怒，因为他是为了挽救婚姻而来找我，而在他的妻子和我之间，他觉得没有其他选择。托尼说："我不想待在这里，但我以为你应该告诉我该怎么做，这样我就可以和我的妻子更好地沟通了。"在这里，他不仅以一种非常具体、生硬的方式回答，而且还咄咄逼人。他突然让我变成了他的雇员。我应该赶快做好我的工作，这样他就能做一些更好的事情。因此，我问他是否只是希望我告诉他该做什么，而不是给自己一个机会去了解自己和他妻子真正想要什么。我想知道他是否好奇自己内心的需求，而不是仅仅关注我或他妻子的期望。他说："我从来都没有想过我想要什么。我从来没有想过这可以是一个选项。"

他说话的方式，让我觉得他是在引导我们走向他的过去。所以，我让他告诉我一些关于他的家庭经历。后来，我明白了在移情过程中发生的一些事情。我并没有把他所说的看作真实经历的完美记录，而是看作他被现实和幻想扭曲的记录，他选择在那一刻以一种特殊的方式与我联结。在他讲述他的经历的几次治疗中，我发现他比以往任何时候都更活跃。这让我觉得他仍然生活在它的掌控中，不愿远离它进入更广阔的世界，好像今天比过去更令人困惑和吓人，对他的控制更少。这就是其偏执-分裂的方面（Klein，1946），在这个过程中，迫害混乱比缺乏可预测性和完全丧失爱更可取，如果他想更多地成为自己，就需要联结而不是隐藏。我认为他也不愿意放弃这种偏执的安全感，因为他不得不面对并接受那些从未有过的失落，承认他所期望的事情从未发生，未来也不会实现。过去的痛苦和未来可怕的不确定性，以及伴随而来的抑郁状态的哀悼和悲伤（Klein，1935，1940），成为一种无法忍受的威胁和不可接受的风险。我做出了这些诠释。托尼同意了，过了一会儿，他说朋友们经常告诉他"冷静下来，放松一下，只是谈论一些事情"，但他"不能，也不知道该怎么做"。我说，也许是因为我刚提到的原因。他说："可能是这样的。"这似乎是真实的，就像托尼一样的真实和脆弱，只是有点保留。门似乎开了，虽然很短暂。

托尼的过去是一个持续被虐待和持续焦虑的故事。他告诉我，他的父亲曾在军队服役，白天和周末都不在家。如果托尼让母亲不开心，她就会要求他，控制他，而且会使用暴力。他说："如果我不听从她所有的命令，她就会打我，而且她还经常无缘无故地打我。我永远也做不对。我找到了最好的方法——什么也不做。但最终，这也不起作用。我被打了很多次耳光，我数不清。她总是对我大喊大叫。"托尼告诉我："生活很艰难，因为当我在家的时候，她会对我大喊大叫或打我，而在学校里，每个人都欺负我。我有语言障碍，眼睛高度近视，还有非常严重的粉刺。我一直被打，也一直被欺负。"

我问他父亲是怎么做的，我留意到托尼没有提他。托尼说，他的父亲通常在工作，当他在家的时候，他的母亲从不使用暴力。所以，他和母亲过着秘密的暴力生活，父亲在家的时候还假装恢复正常。托尼告诉我，这一切在托尼十到十二岁的时候都改变了。一家人正在开车，托尼做了一件他母亲不赞成的事，她把手伸到后座，开始打他，对他尖叫。他的父亲立刻拦住了她，并告诉她再也不要这样做了。

托尼说："她不再动手了，但我始终保持着戒备状态。"这让我想起最初的反移情感受——他始终在提防那个"坏客体"。他将我和外部世界都视为需要防范、对抗并试图超越的负面存在。当面对一个具有复杂特质的客体时，这种防御机制就会让他陷入茫然。我向他解释："你似乎很难想象自己能够以同样复杂、多层次的方式去对待他人，就像你从他人那里获得的那样。相反，你把自己禁锢在机械化的行为清单和既定议程里，以此规避那些危险的情绪体验。"我进一步指出，他的妻子可能更希望看到他自然流露情感，就像朋友劝他"放松些"那样。托尼认同这个观点，但困惑地表示："突然改变并不容易。"我回应道："你听到我说'赶快转变'时，就像在等待一个神奇的开关公式。当我指出你的孤独感时，我感受到你的愤怒。"托尼短暂地以真诚开放的态度回应"是的"，但很快又恢复了防御姿态。

经常地，我会觉得托尼来治疗时，让我处于负责地位，说："我们现在该怎么办？"我觉得这是一个非常不稳定的投射性认同过程，在这个过程中，他最初把自己当成一块难看的黏土，准备听从我的命令，就像他和母亲在一起时一样。但是，很快，在托尼尖锐而批判的眼光和他对"指南、建议和技巧"的具体要求下，我感到处于负责地位。所以，我觉得他可能受到了母亲严厉的威胁，而他现在是她，我现在是他。我尽了我最大的努力，不要在反移情过程中失去平衡，而是摆脱任何这些感觉或想法。我试图控制、理解和克服我最初的恐吓、焦虑、沮丧和怨恨感。

我诠释说，托尼是在要求用机械化的方式来治疗他的心。他回答说："我看什么都这样。我看所有的东西都从这个视角，因为我无法想象还有其他的视角。" 我诠释，这种心里缺乏"我们"的态度是由于不确定感和无法控制感，于是他将之简化成了更易于管理的工具箱，将一切进行分离和中性化，产生了更多受控的"他"和"我"，而不是更不确定的、有威胁的"我们"。但是，这种防御性的举动只是让他被困在工具箱里，成为一个感到失落和孤独的外星人。

我们似乎在这个工具箱里取得了一些进展，或者至少我们能够探索一下这个工具箱的本质，看看他是如何以及为什么会感到如此完全被限制而又对此感到如此舒适的。不幸的是，托尼就在此时退出了治疗。我在电话答录机上收到了一条可怕的信息，这让我感到非常恐怖，就好像是一个机器人打电话给我一样。这条消息以一种极其单调、没有感情的机器语气传递："你好。我叫托尼。我是你的一个患者。你以前见过我。我在星期四有个治疗预约，我不会去了，再见。"这是用一种机械的方式说的，很明显，他觉得我不记得他了，如果他没有完全表明自己的身份，我就不会知道他是谁。通过投射性认同，托尼将自己从人类联结中分裂出来到如此极端的程度，以至于他确信我永远不会认识他，他也永远无法与我进行联结。他觉得自己就像一个外星人，必须表明自己的身份，并提醒我他是谁。他不允许自己进入我的心里，也不让我进入他的心里。所以，对他来说，我们都是锁着的盒子，四处走动，没有任何相互的联结，没有任何意义或价值。

我给他回了电话，当他回答后，和机器人在一起的经历还在继续。我问他发生了什么事，他传达的信息并不清楚。他说他"不会来治疗"，然后他沉默了。我问为什么，注意到我的沮丧、愤怒，以及被控制或嘲笑的感觉，然后是沉默。 托尼说他不明白来治疗有什么用。我不得不问："你是指这次治疗，还是所有治疗？"他很清楚，意思是他要结束，但不想和我当面说。他说，"这次"，然后沉默了很久很久。

我现在试图解决移情，我说"你为什么认为治疗是无用的"，我的反移情的感觉是被不怎么思考就抛弃了。托尼告诉我："我妻子已经决定结束这场婚姻了。我来见你是为了学习如何变得不同，这样她就会留下来。现在她已经决定走了。"我注意到他像机器人一样对如此可怕的事情缺乏感情，我说："这太糟了。你一定感觉很难过。" 在长时间的沉默之后，他愤怒地说："是的。我感觉很糟糕。你认为呢？"然后，又一次沉默了一会儿，我说："这一定会让你感到很不高兴。你想做她想让你做的事，但她仍然不想和你在一起。你一定很难过。"在更加沉默之后，托尼用一个激动的语气说："我真的很难过。我不知道我要做什么。她说我们可以再尝试一次夫妻治疗，但她也说她认为这行不通，她准备提交离婚文件。"

我回答说："所以，这可能是一个谈谈和解决这个问题的好时机。你想来治疗吗？"托尼回到他那冷酷无情的自我中说："不。我不明白这有什么意义。如果她要离开我，我为什么还要继续来呢？我以为过来看你，她就不会离开我了。反正，我从来没有从中得到过任何东西。"这最后一句话是用带着苦涩的仇恨方式说出来的。然后，他又沉默了下来。最后我问他在想什么，他说："没有。"然后，一直沉默。不言而喻的信息是"我不会给你。你不得不祈求我"。我问托尼，为什么他这么固执，为什么对我这么生气。他告诉我："你应该告诉我该做什么，如何和她说话，这样她和我在一起就会更开心。""你从来没有给过我任何建议或指导。而且，你总是在治疗开始时要求付款。看来你更关心钱。"

他对这笔钱的评论和我之前处理过的一个边缘性患者一样，他们有给予和获取金钱的问题。我在第一次治疗中告诉每个人一些基本的准则。一个是关于自由联想和移情的。一个是在开始时付款，这样我们就不必在治疗结束前停止，或在一些重要的事情中间，不得不写一张支票。然而，一些患者，比如托尼，很快就把我的付款要求纳入了他们关于迫害和缺乏理解的幻想。然后，我被迫去证明我积极的动机和我真诚的关心。

托尼关于准则和建议的第二个评论是他之前提出的，我诠释说，他希望我像一个好爸爸一样接管他，教他如何做，并帮助托尼驾驭他愤怒的、拒绝的母亲/妻子。我重复了这个诠释，同时有意识地克制，遏制我对他的挑衅风格的愤怒。他有一两分钟没有回答。我必须再次说话，于是我说："你想在这个星期四进来谈谈吗？"他说："不。"然后又沉默了下来。经过思考，我相信他真的想继续和我打电话或亲自与我交谈，但不能让自己承认，仿佛这是一种羞辱或危险的举动。我陷入了自己的沮丧和无助感中，无法做出这样的诠释。相反，我最后告诉他，他可以随时给我打电话，我希望他能改变主意，然后回来。他再也没有回电。

在回顾这次短暂而艰难的临床遭遇时，除了他在再次砰地关上门之前偶尔发出的痛苦耳语，托尼拒绝承认任何内在生命探索的程度，给我留下了非常深刻的印象。他不允许任何能证明他自己的需要、意见或渴望的证据。事实上，他的想法是：不追求生活、不追求建立自我和内在需求、退出生活、远离他人、攻击自体，拥有一个能够轻松相处的客体。他只是试图通过假装不想与世界，或与成长有任何关系，来避免对他人的惩罚。事实上，他一直蔑视他们。考虑到他过去被忽视、失望、迫害和被早期客体背叛的经历，这是有道理的。

西格尔（Segal，1993a）指出，人在出生时便面临着需求与依赖的体验，对此我们可能采取两种截然不同的应对方式：一种是寻求满足生命需求（生本能），并创造爱与被爱的机会；另一种则是试图否认、摧毁或逃避这些需求，以及任何可能象征这些需求的事物（死本能）。在与托尼这样的患者工作时，西格尔强调，我们必须痛苦地认识到，死本能已深深植根于其内心，以至于无意识中关于坏自我或坏客体的幻想会不可避免地以我们难以协助其应对的方式在移情中显现。换言之，从技术层面来看，患者死本能的强度构成了其防御性幻想体验的基础，这一基础决定了分析师能否与患者建立足够的分析性联结，从而逐步引导他们找到希望与活下去的理由，开始拥抱生活。

克莱因（1975）谈到了嫉妒和死本能之间的关系。通常情况下，这意味着患者想要摧毁或抑制这个自我似乎无法获得或隐瞒的东西。这是让托尼蔑视那些有能力"闲聊"的人的部分原因。但他也嫉妒自己有时敢于思考和感受的那部分。在他的几次治疗中，我们谈到了他有时会做白日梦，以及在这些白日梦中，他确实对某些事情有自己的看法。但是，在大多数情况下，他认为"这种想法是无用的和无聊的。它什么都做不了。它有什么用呢？而且，它只会导致双方发生冲突。"所以，托尼发展出"只做不想"的防御模式，通过机械化的任务清单、过度理性化及程式化议程来压制自发性思维和情感。我将其诠释为这既一种远离麻烦和冲突的方式，也是对他自己的创造力和他想跳出常规思维的欲望的攻击。

戈尔茨坦（2000）注意到了仇恨的修复作用。他描述了死本能是如何用一种原初的方式来清除那些"阻碍生活和爱情的坏客体"的。我认同这种克莱因理论的延伸，但对于像托尼这样的患者，还有一个额外的问题：由于过度依赖投射性认同（projective identification），形成了一个恶性循环——被投射的坏客体被持续感知为逼近威胁，从而需要不断增强仇恨和攻击来进行防御。

这就形成了一个由死本能主导的永恒防御系统：如同不知疲倦的哨兵，持续戒备着想象中的坏客体入侵。这种持续的"战时状态"使自我丧失了识别现实改变的机会——和平可能早已存在，但患者仍固守在心理战壕中，永备不懈地等待着下一场战斗。

案例素材

苏是一位极具挑战性的患者，呈现出明显的矛盾心理状态——同时存在病理性优越感与深度无助感。其临床特征与托尼个案高度相似。在为期8个月的治疗后，苏单方面终止了咨询，并宣称："我认为你从未提供过实质性的帮助。你只是让我迷失方向，没有给予任何指引。不过我现在感觉好转，似乎没有继续治疗的必要了。"临床评估表明，苏确实在治疗过程中获得了一定程度的心理涵容（containment），其慢性焦虑症状也有所缓解。然而，她最终通过"治疗师没有能力提供帮助"的指控离开，这恰恰验证了她对客体关系的核心信念：客体本质上是自私、残忍且拒绝给予的。

从诊断角度考量，苏符合边缘－自恋型人格结构的特征，这类患者往往在经历强烈心理动荡后突然中断治疗。值得注意的是，苏在离开时完全回避了未结清的治疗费用问题，也未表达任何后续咨询的可能性。

一切都结束了，仅此而已。这种缺乏希望和谈判是治疗这类患者的典型方法。他们想要给予或接受的欲望被需求或背叛的幻想所玷污，爱和恨融合在一起且令人困惑，以至于依恋似乎注定要失败，或肯定会从值得信赖的东西转移到危险的东西。

苏展示了克莱因的完全移情的概念（1952），约瑟夫（1985）已经详细阐述，并扩展到克莱因技术的一个重要中心点。苏来见我，是因为对最近生活中一系列的变故感觉极度沮丧，包括换工作、在她的房子被烧毁后搬家、她敬仰的一个亲戚的死亡，和突然恶化的慢性肠道疾病。

在开始分析性治疗的六年前，苏女士就已经饱受严重的肠道功能紊乱困扰。她的症状表现为突发性的剧烈胃痛，发作时间完全无法预测。为控制病情，她长期依赖处方药物治疗，并在疼痛急性发作时多次入院接受治疗。日常生活中，当不适感加剧时，她往往选择卧床休息；若疼痛难以忍受，便会提前就寝以缓解症状。值得注意的是，尽管苏女士当时体重超标达100磅，但她对任何涉及"将进食行为与心理问题相联系"的讨论都表现出明显的抗拒态度。

就像托尼的例子一样，苏成长在一个由情绪不稳定的母亲主导的家庭，她母亲酗酒，经常用暴力解决问题。她经常打苏，苏说她"永远也不知道这什么时候会到来，但这总是很可怕。"与此同时，她说，她觉得自己知道"如何操纵母亲，取悦她，以便在大多数时候远离她"。显然，她的父亲无力保护孩子们，大部分时间都不在，把苏和她的妹妹留给她们不可预测的母亲。有趣的是，她的父亲患有慢性背部问题，这使得他必须坐轮椅，无法工作，也使得他无法过上富有成效的生活。他的疾病和他经常需要的帮助是决定苏与他的关系的主要部分。成年后，苏嫁给了一个盲人，他们的关系肯定受到了他的失明和特殊需求的影响。因此，无法控制和治愈的慢性疾病和身体问题是她生活中的一个主题。

在她的分析治疗的头几个月，苏使用逻辑体系和认知优势来构建治疗关系。具体表现为：她通过建立"全知全能"的自我定位，以高度逻辑化的方式精确复述事件细节，同时系统性地排除情感内容，从而维持对治疗互动的绝对控制。作为高功能个体，苏确实展现出卓越的认知能力——能够就各类话题进行精深讨论，但她将这种智力优势工具化，转化为抵制情感探索的防御策略，避免任何情感交流。当我尝试诠释这种移情模式（即她将情感体验转化为认知活动的倾向）时，苏立即以防御性回应介入："那么，你的治疗期待是什么？除却当前陈述的内容外，我确实缺乏其他体验。"这一互动精确呈现了约瑟夫（2000）描述的"假性顺从"现象的独特变体——苏表面配合治疗设置，实则通过逻辑体系和认知优势构建了一道抵御情感接触的防火墙。此时，强烈的移情–反移情矩阵迅速结晶化：治疗关系进入高张力状态，苏固着于情感隔离的防御位置，而我则被投射为"情感容器"的理想化角色。这种互动逐渐演变为典型的治疗僵局。

又过了几个月，苏开始表现出另一种更强烈、更复杂的移情特征。她感到更加焦虑和沮丧。整个治疗中她都在哭，而不知道这是为什么。她告诉我："我感到周围是黑暗。我觉得有什么东西来了，我不知道是什么，也不知道该怎么办！"她会开始啜泣，问我："我该怎么办？"以及"这是什么？我不知道那是什么东西！我感到无法承受，但我不知道到底为什么！"她有一种巨大的了解和控制的需求，而缺乏控制和不知道是什么让她陷入了恐慌，但这种需求造成了更多的恐慌。

在某种程度上，我诠释说，这种未知的"冲着她来的存在"是害怕她不可预测的母亲来找她，她想让我介入。她用逻辑回答："那么我该怎么办呢？"我发现自己有一种反移情的感觉，就像和一个狂野、蠕动、跺脚的动物在一起，只能用装满麻醉剂的飞镖枪来对付。我想告诉她要放松点，我们就会设法渡过难关的。所以，我诠释说："你不知所措，感觉自己即将受到攻击。我们必须通过谈论它，慢慢地理解它可能是什么。但是，我们可能暂时不知道。这似乎是最糟糕的感觉。"

苏继续大声哭，几乎是尖叫，"这太可怕了。它就在那里却无法辨认，我害怕极了。我再也受不了了。我该怎么办？"此时我的反移情在两种状态间摆动：一方面共情她的无助绝望，另一方面又体验到她投射的要求性与愤怒，使我产生情感抽离的防御倾向。于是，我诠释说，她觉得我在隐瞒什么，她对我很失望，因为我没有立即告诉她她的感受怎么了，以及该怎么做。

当苏以异常精确的语气说出"你做对了"时，我注意到她呈现出的典型焦虑防御模式。我诠释道："你似乎创造了一种心理急迫感——在真正有机会探索和体验之前，就迫切地需要明确知道自己的思想和情感究竟发生了什么。这种立即用逻辑分析和知识体系来'解决'情感体验的冲动，实际上阻碍了自然的觉察过程。"苏对此表示认同。进一步分析显示，苏的内心存在着深刻的矛盾：她渴望通过全知全能来掌控一切——既要完全了解他人，又要用知识支配所有关系。这种防御姿态形成了既强势又脆弱的心理结构，其中潜藏着恶性的自恋脆弱性。通过投射性认同的机制，苏将我们带入特定的关系动力中：随着控制感的逐渐丧失，她开始被未知的恐怖情感所淹没，继而绝望地要求我立即定义这些体验并给出解决方案。这种互动模式导致恶性循环——她日益将我感知为无能、隐瞒且冷漠的治疗师，而她自己则深陷被背叛、恐惧和不知所措的痛苦体验中。

在一次治疗中，苏迟到了，然后她详细谈到她有多"感觉失去平衡"，"奇怪，不确定我的立脚点在哪里，就好像我失去平衡，不确定我会落在哪里一样。"再一次，她说了很长时间，但没有任何细节或具体的焦点，只是对一些似乎不祥的、不明确事情的广泛焦虑。

我试图帮助她探索这个问题，并帮助她把它与任何感觉或联想联系起来。她告诉我，她觉得自己"害怕遇到麻烦"，但她无法想象自己为什么会有这种感觉，以及会联想到什么。

我诠释说，她可能担心我对她的迟到生气，也许她担心我的反应，因此她可能感到害怕。在逻辑和强烈的情感幻想的戏剧性混合中，苏回答说："你永远不会像我母亲那样对我使用暴力，所以我不认为你在生我的气。"换句话说，她混淆了愤怒和暴力的概念，在没有对暴力产生恐惧的情况下，她无法察觉到我对她的生气。我认为这在她心中造成了一种严重的混乱，她可能担心我因为她迟到而生气，但随之把我当成一个暴力的、失控的母亲，或者把我当成一个中性的、对她没有积极或消极影响的客体。

因此，通过坚持这种中性的应对方式，苏是安全的，但也是飘摇和孤独的。当我做出这些诠释时，她告诉我，她希望我能告诉她如何处理一些事情，并指出这些奇怪的、未知的、可怕的感觉是什么，但她不认为我会对她产生情绪上的影响。所以，我对她的痛苦是一个无用的客体，或者我成为她痛苦的来源。当我让她探索这些创伤性的记忆时，她同样尝试通过逻辑来控制，并告诉我她"知道如何应付母亲"。

她陷入了一个典型的投射性认同循环，一开始恐惧自己对客体的攻击冲动，后来想要一个能帮助和安抚她的客体，最后拒绝帮助，要求最大限度的自主和控制，最终重陷被弃体验。随着时间的推移，这种移情不断巩固，最终，她以"感觉好转、更能掌控生活"及"治疗缺乏实质帮助"为由结束咨询。从反移情角度，她成功地将那种难以名状的恐慌感投射给了我——当她突然离开时，我体验到强烈的困惑："那究竟是什么？那个突然闯入又骤然消失的存在到底是什么？"

总之，当代精神分析师面临大量深陷偏执-分裂心位的患者，他们的心理结构被各种迫害性和堕落幻想所渗透。这类患者往往：几乎不能容忍这些冲突，缺乏有效处理心理问题的能力，最终退回到他们那种隐藏、捍卫、模糊他们内在痛苦的原始防御模式。所以，在他们突然结束之前，治疗过程常常是非常短暂的、混乱的、探索他们内心的短途旅行。最好的情况是，在他们退回原来的状态之前，我们帮助这些患者去涵容，有时会造成轻微的内在混乱。这种有限但专业的干预仍具重要价值，应当获得专业尊重。只要我们坚持克莱因学派对移情工作的核心观点（Spillius，1996），就仍保持着真正精神分析工作的本质。当代克莱因学派与我的分析联结方法可概括为：在移情发生的当下做出变化的诠释，同时意识到并试图利用经由复杂的投射性认同循环带来的活现，这种技术取向符合大多数患者的移情动力学特征。

第七章 力比多型和破坏型自恋者的

客体关系困境

　　有些患者来看我们，向自己和其他人保证，他们尽最大努力照顾自己的客体，而与客体之间的任何麻烦或冲突都不是他们造成的。这些人通常是高功能的自恋者，他们无法忍受为自己的行为负责，但仍然感到自己即将成为伤害和溃败的原因，因此容易被攻击。他们处于一个既偏执又抑郁的心理领域，既有原始的内疚，也有自恋人格，其中只有部分可以被改变。

　　他们利用我们和分析设置来重建破碎的客体，这样做像是他们应该被奖励，而不是作为造成伤害的人被叫来这里。这些患者似乎总是在生活中与他们的客体保持距离，在他们和他们所影响的真实客体之间保持着高高在上和防御性的距离。所以，他们并没有面对不满意、受伤或被谋杀的客体，而是用"离婚后我们仍然是朋友"的故事来打扮他们，"我们当然从来没有不好，""你是我的治疗师，为什么我会对你有任何负面的感觉？"

这种理想化的、没有冲突的/充满爱的世界在某些患者身上是如此坚固和被捍卫着，以至于它变成了一种躁狂的、破坏性的、"当面微笑但背刺你一刀"的人格类型。其他时候，它不那么致命，但仍然带有某种不诚实的感觉，人们会认为，"这好得令人难以置信。他们太好了，以至于不像是真实的。"可能会产生一种可疑的、不信任的反移情反应，即一个人对欺诈行为、某种诱饵感到可怕的警惕。一种伪装的、具有破坏性的、犯罪的或操纵性的方式会引发反移情的危险信号，使得分析师担心患者会对他们做什么，或者表象之下潜伏着什么样的怪物。

另一种反移情反应源于与这类个案互动时的强烈投射性认同。这些患者缺乏直率表达、坦诚相待的自信，不得不采取迂回隐晦的互动方式。他们总是一次次被客体牵着鼻子走——竭力讨好客体后却滋生怨恨与不快，继而退行至被动攻击的行为模式。频繁出现的俄狄浦斯三角关系让他们深陷两个更强客体之间，自由意志遭受窒息性压制。在此情境下，患者常陷入双重恐慌：既要拼命取悦两个客体，又不得不牺牲自我需求。于是形成了一种矛盾的心理结构——既有抑郁心位中充满内疚的讨好需求（绝不能伤害客体），又混杂着偏执-分裂心位下的自恋欲望（企图占有控制、全能否认责任）。他们的人格状态在两种极端间摇摆：时而表现为软弱被动、无法应对冲突的受虐者；时而又化作冷酷算计、为维护形象不惜撒谎的施虐者。

这种破坏性防御系统（Segal，1972）或称病理性组织（Steiner，1987），使自我结构始终处于高度戒备状态：既要防御偏执性焦虑，又要应对抑郁性冲突。而持续循环的投射性认同过程，更使得这种紧绷状态永无喘息之机。

案例资料

　　起初，乔来看我，告诉我，他妻子觉得他们的"矛盾不可调和"，他对此感到很焦虑。他告诉我，他想"确保他以尊重和关心的方式来处理这件事，因为他爱他的妻子，想让她放松，而不是伤害她的感情。"他说，他需要帮助来了解如何做决定，分居还是离婚才是最好的家庭选择。他说："可悲的是，离婚可能是对所有人来说最佳选择。"

　　我觉得这一切都是为了表现出善良、爱和关心，但事实上都是假的，乔只是想表现出支持和爱。他好得令人难以置信。这种反移情的感觉产生了一种奇怪的想法，即他出轨了，但也许还想自欺欺人进行隐瞒。在几个月的时间里，我意识到这种想法可能是他所说的话和他的感受之间严重分裂导致的。对乔来说，很难做自己的主人，因此他找到了一种方式来与妻子和情妇融合，通过模仿来取悦她们，我相信这是他身体上的表现。当他发现自己在这两个女人之间摇摆时，他不断地陷入冲突，被爱和恨的焦虑推动着，逐渐采取一种取悦、避免冲突的方式，以及一种操纵和控制的方式。

　　乔体现了自我和他人的许多相反的方面。很快，我觉得他已经被他的女朋友消极地主导交往一年了。他终于向自己承认，他试图取悦妻子却没有得到太多的回报是多么恶心。在讨论和他女朋友的关系时，我诠释说，他希望我成为一个父亲，告诉他站起来面对这个客体，表达自己的意见是可以的，他不会伤害或破坏这个客体。此外，我诠释说，他是在向我保证，如果他表达了自己的分歧，他就不会面临惩罚或报复。在这里，我诠释了当时当地的移情（Joseph，1989），在那个特殊的时刻，乔是更抑郁、内疚的一方，被动且不确定该如何在不伤害或造成麻烦的情况下与他的客体谈判。

然而，我认为他的自恋合理化是如此强烈，以至于他继续前进，并以一种非常伪装的方式做他喜欢的事。因此，我选择面质他，诠释他更偏执的攻击性立场。我说："你想让我认为你是一个有礼貌的人，永远不会做错任何事，但你却在按照你的方式做事，假装这是出于友善。你想说你是一个好人，刚刚意识到你和妻子分开是件好事，你想帮助她度过这一困难时期。但是，实际上你所做的是离开妻子去和另一个女人在一起，一个与你有一年多秘密恋情的女人。所以，我们必须理解为什么事情需要如此精心伪装，如此不直接。"

我觉得这是一个有帮助的诠释，确实帮助乔开始观察自己以及他与人建立关系的方式。但是，我也意识到我自己的冲动，渴望让他拥有自己的主导权，并承认自己试图欺骗我和他的妻子。如果他想表现得卑鄙可笑，他至少应该承认这一点。所以，我想我是在把自己的想法强加在他身上，就像他觉得他的客体在评判和刺激他一样。但是，我也在回应某种自恋的宏大、冷酷和冷漠，这让我感到恼怒、有些害怕和被操纵。所以，我认为我的诠释既准确又有帮助，但也有一点反移情的活现。

在我们进行治疗的这段短时间里，乔讲述了许多故事，这些故事都融合进了同样的移情中，在这种移情中，他让我放心，一切都很好，"正确的事情"正在发生。这是一系列狂躁和暴力的投射性认同动力，旨在让乔成为客体的诚实而真诚的保护者和"好人"。但是，它也掩盖了他的欲望中更容易操纵和自私的方面，以及他的不诚实和不那么"好人"的方式。

考虑到我的反移情的性质和强度，我认为他在绝望地、精心算计地把他的内疚和攻击性投射到我身上。与此同时，另一个更依赖和被动的移情似乎是努力向我传达他对拒绝和惩罚的焦虑。对于力比多型自恋者，这种评价性的和交际性的投射性认同的结合很常见。

总的来说，我相信乔在治疗中的无意识任务是把我当作这些丑陋和不想要的自己的垃圾场，然后进入他那不受干扰的自恋状态，成为一个优越的"好人"。我想，如果不是我通过不断地诠释和面质他更深层次的动机来打断这个垃圾场的心态，他就会更早地离开治疗中心。

与此同时，他也在挣扎着，怀疑他的客体在哪里，并试图不以他的需求或观点影响任何人，尤其是可能导致冲突的时候。在那里，他能够并愿意更公开地交流，并以更健康的方式使用投射性认同，而不是激进的撤退和全能的控制。所以，我也诠释了那些移情动力，这似乎帮助他审视自己并有点收获，但他很快利用这些知识让事情按照他的方式发展，变得没有冲突，这样他仍然可以成为"好人"。

在乔的前几次治疗中，我了解到，在他结婚七年后，乔觉得他并不爱他的妻子。他从来没有试图和他的妻子谈过这件事。事实上，他说他"从来没有完全注意到，只是去做我的事。"他说，他只是顺势而为，当他注意到缺乏爱时，他希望事情会变得更好。在这里，我觉得他描述的是他那非常被动的，几乎是受虐狂的关系风格，他没有发言权，也不想用他的需求或差异来干扰客体。乔说，他可能会离开他的妻子，但当他们有了第一个孩子时，他"试图给它一个机会"。但是，当他们有了孩子时，他也觉得"婚姻的一切都是为了炫耀。我对她没有任何感觉，但我并没有真正意识到这一点。"当他说他没有意识到这一点时，我以为他是在描述他如何否认自己的冷漠，攻击他的需求，并让它们屈服。

我诠释说，也许他不允许自己意识到这一点，因为它有破坏性，会引起冲突。在这里，我诠释了乔的冲突中更加抑郁的一面，以及他对他的客体的抑郁性恐惧。乔同意了，并说他"向来不喜欢冲突，也从来没有说过任何煽动情绪的话。"在这里，我再次感到他向我展示了一种强烈的抑郁性恐惧，他害怕用他的客体制造混乱，保护他们免受感觉上是攻击性的、破坏性的需求、欲望或反应的影响。他自恋的控制和欺骗让这个客体破碎了，受伤了，所以乔必须找到一种方法来否认，或者就表现得特别友好且尊重，神奇地拯救和治愈了他们。这种原始自恋的内疚，混合着偏执的贪婪和嫉妒，让他用含蓄的攻击性策略控制事情，然后感到内疚，不得不微笑着收拾残局。

正如前面提到的，乔在来看我前一年就和他妻子最好的朋友有染了。在欺瞒了他妻子一年之后，乔担心如果他花更多的时间和女朋友在一起会发生什么，如果他的妻子发现了会发生什么。我诠释说，他似乎在陷入麻烦、伤害他人和再也无法以自己的方式生活之间左右为难。在这里，我诠释了当时的综合冲突，因为病理性的分裂、强烈的投射性认同，以及由此产生的抑郁和偏执的冲动暂时减少了，让他更有反应和反思。乔回应说，他想和这个他爱但不确定妻子会怎么反应的新女人建立一段完整的关系。他说，他的女朋友告诉他，他必须等一等，不要创作"肥皂剧"。乔说这话就像一只被皮带拴着的狗，不得不服从，但对自己如此克制感到生气。

我诠释说，乔感觉就像一个小男人被困在两个强大的女人之间。他努力取悦双方，而不是伤害双方，但最终感觉被两者都控制了。所以，他必须操纵每个人，看起来像一个"好人"，总是做正确的事情，但实际上在偷偷地满足自己的需要。乔基本上同意我的观点，但对自己没有反思或质疑。他说："所以呢？这有什么奇怪的呢？"在这里，我觉得我们正在从乔身上更被动、更抑郁和受虐狂的一面转向更消极和更有攻击性的一面。原始的内疚和焦虑是无法忍受的，所以他召集了偏执-分裂的"军队"团结起来为他辩护。

在初始咨询阶段，乔陈述其治疗目标时使用了"以健康且深思熟虑的方式解决问题，确保各方需求都能得到尊重"的理想化表述。这种表面富有同理心、实则高度控制的表达模式，构成了他与治疗师建立联结的主导方式。随着治疗进程的推进（4~6次会谈后），其防御结构的本质逐渐显现：乔顽固地回避面对三个关键事实——他在决定出轨时的真实情感动机、在此过程中应承担的个人责任，以及当前突然提出离婚决定可能引发的后果。通过构建看似道德完美的行为框架（强调"关怀与尊重"），试图使治疗师及其他重要他人认同其行为是"正确"且"负责任"的。

在反移情中，我觉得他在对待所接触的对象时表现得肤浅、专制和幼稚。与此同时，他似乎感到非常被动，被困在他需要或依赖的更大、更脆弱的客体之间。

所以，我发现自己诠释了乔试图让我从一个很好的角度来看待他，试图做正确的事情，以隐藏一个更自私且坚决的动机，他似乎对它可能引起的混乱感到内疚和恐惧。所以，在这里，我诠释了一种力比多型的自恋，类似于罗森菲尔德（Rosenfeld，1987）所说的。我用了"有罪"这个词，但对我自己来说，我被他的这种彻底的分裂所震惊，这是叙事主义的特征。一方面，他自己的一部分确实因为寻找一种新的关系，想要爱和快乐而感到内疚，因为他可能会伤害每个人的感情，他可能会被抓住，陷入冲突，而他极力避免。这都是一场更为原始的抑郁冲突的一部分。另一方面，乔似乎只是试图不被抓住，让自己看起来很糟糕。事实上，他试图让我相信他是一个非常善良的人，而不是一个善于操纵我的骗子。所以，当我诠释了更神经质、被动、内疚的移情状态时，我也面质了更善于操纵、自恋的移情，告诉他："你告诉我这个故事，是试图让你自己看起来只考虑别人的需要。但是，事实上，你似乎在操纵我和其他人，不承认你已经厌倦和欺骗你的妻子一年多，现在想要离婚，这样你就可以和你的女朋友在一起了。"这种诠释与罗森菲尔德（Rosenfeld，1987）和其他主要的克莱因学者关于破坏性自恋的本质的观点一致。

乔通过一种基于否认的心理机制，以微妙而迂回的方式诱导我扮演那个令他迷途知返的角色，揭穿他自欺欺人的把戏。一方面，我强烈地想要揭开他与他人相处时那种阴暗自恋的面具，迫切地想要"迫使"他"看清"自己正在通过谎言操纵和伤害他人。另一方面，我又感觉自己正在为他那些通常因过于被动或恐惧而不敢表达的攻击性与表现欲发声——这些真实需求长期被他困在"与人为善"和"回避冲突"的义务牢笼中。

因此，即便在处理他更具破坏性的控制倾向时，我仍能感受到某种通过投射性认同达成的沟通：他潜意识里邀请我扮演父母般的角色来纠正他。于是，我融合了面质与诠释的技术手段，这既无意中成了反移情见诸行动的释放出口，同时也回应了乔潜意识里对"理想父母客体"的渴求——这个客体能够包容冲突、坚持己见、表达反对、提出挑战并坦陈分歧。需要澄清的是，我并非试图给他建议，而是进行必要而不回避客体伤害的直面诠释，只要这有利于患者的成长。换句话说，当我直面他时，本质上是在回应他基于投射性认同的无意识诘问："诚实地向他人表达我的感受、想法和需求——即使可能冒犯对方——这样的‘自私’是被允许的吗？即使可能引发紧张和冲突，直率坦诚也是可以的吗？”此外，面质技术尤其能帮助自恋型患者理解是非对错的正常分化。自恋心理运作的核心特征就在于健康分化能力的崩溃——在他们的世界中，没有明确的好坏界限，只有理想化完美与彻底虚无的扭曲交织，或是完美融合与血腥冲突的畸形并存。

乔移情的一个重要方面似乎是他抵抗面对抑郁程度的伤害和他对他的客体的影响。他想从这个客体中得到比现在更多的东西，但他不愿公开地表达出来。这种欲望让他感到自己的无情和有害。事实上，他似乎尽其所能地否认他过去对他的客体所造成的损害。通过这种方式，他不断地庆祝幸福，远离悲伤、丧失和痛苦的分离。这与科尔伯格（Kernberg，2009）所说的死本能的一部分一致，在这种死本能中，患者无意识地破坏了时间、与重要客体一起发生的事件，以及与这些客体相关的重要情感。

虽然科尔伯格和其他人（Segal，1993a）注意到更严重紊乱的患者的这些破坏性行为，但我相信我们可以在像乔这样的患者身上看到同样的现象，他们生活在偏执自恋和抑郁、受虐丧失的组合中。这种组合可以创造出脆弱/关闭、关心/无情，以及主动操纵/被动控制所呈现的轮廓。这就造成了一种令人困惑的临床情况：一方面患者希望我们帮助他们拯救或治愈他们的客体，不断希望我们看到他们在取悦和喂养他们的客体方面做出的努力（Rey，1988）；另一方面，这些患者利用我们来支撑他们正在被侵蚀的自恋合理化和正义感，以免感到软弱和依赖。

当我通过面质乔以及诠释他的冲突来探索他冷酷和操纵的方式的深层

动机时，发生了几件事。通过投射性认同，他要求我成为直接的、诚实的
声音。他想向他内心的客体提出抗议，斥责他们，让他们好好照顾他，但
他无法承担这项任务，所以他投射到我身上。他永远不会感到足够安全，
足够强壮，足以让事情如此直接。所以，我认为我的面质性的诠释间接地
加强了这种更抑郁的无助感和恐惧感。与此同时，我看到了他那更具破坏
性的自恋的一面，并要求他考虑并拥有更雄心勃勃和操纵的一面。

　　然而，乔的整个简短治疗的本质似乎是他利用我来恢复他的自恋立
场，而我的诠释只是减缓了这个不可避免的过程。他希望我帮助他站起来
告诉妻子他想离婚，告诉他的女朋友不要试图管理他的生活，并为自己做
决定。他利用我在他通常被动和被操纵的自我体验中取得进展，并转向了
更独立、更善于操纵的另一面。所以，我没有帮助他克服这些冲突和病理
性分裂，而是被用来作为急救工具回到他正常的心理平衡（Joseph，
1989），或者回到他自恋的权力感和秘密控制的路上。在乔停止接受分析
性治疗的三周前，我们讨论了他年幼的孩子对他搬出去并提出离婚的反
应。乔告诉我，他认为他的儿子"在适应他父亲搬出去时有点困难，但一
切似乎都很好。"我感觉乔又在一切上画了一张虚假而怪异的快乐的脸，
我问他细节，乔告诉我："他们告诉我，他在学校里表现得有点奇怪，他
比以往任何时候都更黏人了。他有时会有点沮丧和挑剔，还会问我在哪
里。不过，他一直都很敏感。"

　　在听了更多关于他儿子反应的细节后，我进行了如下诠释："您的儿
子正经历着深刻的失落感——既为可能失去父亲而悲伤，又因父母分离而
愤怒。我注意到，承认这些情绪似乎让您很不自在，这些'敏感'感受引
发了强烈焦虑，促使您采用情感隔离的防御机制，将一切粉饰太平。"乔

随即透露："我五岁时父母离婚。记得有一天父亲突然消失，他们就这样分开了。"当我询问他当时的感受时，他表现出典型的情感解离："我记得毫无感觉。这不是个问题。我完全接受了，没有任何困扰。正因如此，看到同龄儿子的强烈反应，我很困惑，无法理解他为何如此痛苦。"在这里，我感受到了同样的双重反移情的感觉，这在整个治疗过程中一直困扰着我，与乔的双重移情相匹配。我以为乔是冷漠而空洞的，让人感到奇怪和可怕。我想摇动他，告诉他要有一颗心，但我也为那个不得不躲避创伤的小男孩感到非常难过。

我诠释说："你似乎从很早就找到了一种方法来停止你的悲伤、愤怒和恐惧，让你自己和现在的我相信你很好，即使你失去了你的家庭、父母。但是，你感觉被妻子和女朋友控制，这告诉我你担心说出你的需求。所以，你必须在外面微笑，说一切正常；而在内心感到愤怒，并试图操纵别人来得到你想要的。"最后的部分是我对他过度使用投射性认同的结果的诠释。

乔回答说："我不喜欢我女朋友告诉我该做什么，我们接下来要做什么。我一直害怕说任何关于我需要给我妻子或我女朋友的东西，因为我担心她们会生气或者离开我。但是，在之前几次见到你之后，我能够把我的感受告诉我的女朋友，我也让她知道，如果她后来不能和我在一起，我会理解的。但是，我必须坚持我认为适合自己的做法。"在这里，我觉得他是诚实的，并且已经向前迈出了一些重要的步伐。他能够更直接地对着客体说话，而不用害怕伤害到客体或被客体伤害。乔现在不需要表面上服从而内心反抗了。

乔的治疗是短暂而不成功的。然而，我希望他会有某种程度的兴趣来反思他的内在模式，也许偶尔质疑它们。

我进行了相当强烈而直接的面质，有时近乎指责，有时是乔想要说出冷漠、自恋或无法获得的东西，也许是他分居父母的木乃伊形象。我认为我的诠释有时也是基于他的投射性认同的活现，需要被告知、指导，教他该做什么，感觉被允许"去做"。他希望得到许可，害怕引起冲突，也不必总是通过等待别人的决定和意见来取悦别人。

不幸的是，有时我们的治疗平衡是不稳定的，很多时候我们的诠释是活现和治疗准确性的混合物。不过我认为，在诸多带着移情色彩的诠释之外，我确实也提供了一些能帮助乔以崭新视角——尽管只是短暂而有限地——重新审视自己的诠释。这份觉察让他在对待自我与他人的方式上发生了细微转变。

乔同时遭受着两种层面的心理困扰：既有偏执-分裂心位下的自恋型特权感，又承受着抑郁心位的愧疚与焦虑。这些冲突与幻想驱使他竭力逃避任何对客体的依赖，既不承认自己对客体造成的伤害，也不愿面对"寻求更好客体"这一过程中可能蕴含的攻击性。通过取悦他人、保持被动与回避冲突，乔得以维持"好男孩"的人设——仿佛只要足够温顺，命运就会给予奖赏，而不必直面自己那些可能在一定程度上伤害客体的真实需求与欲望。这种偶尔会产生摩擦的真实状态，总会唤起他内心的罪恶感与对报复的恐惧。

讨论

费尔德曼（2008年在斯坦纳）强调了赫伯特·罗森菲尔德是如何提

倡对患者的移情进行渐进且仔细的诊察，而不是反应或活现。分析师必须慢慢地让患者关注对移情的理解。罗森菲尔德讨论了容忍和缓慢诠释移情是多么重要，并相信除了攻击性、破坏性的方面，这些攻击性投射也具有某种沟通功能。乔的情况当然就是这样。我努力不将他的投射和自恋操纵付诸行动，试图了解他除了想要拥有、主宰、消除分歧的强烈欲望之外，还可能存在什么。最终，我觉得乔内心的关系斗争是通过移情传达给我的。

费尔德曼继续指出，虽然时机很重要，但分析师不能不意识到，无论面质是多么有力，患者都需要持续的诠释。我确实认为，更脆弱、脸皮薄的自恋者（Rosenfeld，1987）当然需要持续的诠释，以感觉一直被客体喂养，如果没有这种持续可预测的口头喂养，患者可能会有一种被遗弃、剥夺和攻击的感觉。然而，我认为同样的道理也适用于更具破坏性的自恋形式，即厚脸皮的多样性（Rosenfeld，1987）。但是，除了诠释之外，分析师还需要使用诠释性面质来应对并突破一些经常遇到的更僵化和全能的移情形式。这是一种暂时减缓精神扭曲的方法，在这类自恋障碍中，患者邀请分析师加入他们强烈的否认、优越感和控制中去。

费尔德曼指出，罗森菲尔德发现，对于更多精神不安的患者，分析师必须通过做出同情和包容的诠释来证明他们在投射攻击中幸存下来的能力。我还想说，对于一些更受虐或自恋的患者，一种更具面质性和直接的诠释方法也可能有助于打破他们对控制和独立的基本需求。事实上，我看到了这两种相互支持的诠释方法，当他们同时使用时更有效，特别是在治疗那些倾向于在偏执和抑郁功能之间来回摇摆的患者时。当患者看到我们愿意理解他们，并在他们的攻击中生存下来，并且站起来，表现出一种不同的生活方式和关系时，他们的偏执和焦虑程度就会降低。然而，正如罗森菲尔德和费尔德曼所指出的，这造成了一种对自己行为的独立和所有权的突然转变，反过来又立即导致了否认、回避、偏执和焦虑。所以，这类患者可能会出现缓慢的进一步退两步的恶性循环。

罗恩·布里顿（Ron Britton，2008年在斯坦纳）总结了赫伯特·罗森菲尔德认为自恋障碍是如何在偏执−分裂心位上成功分裂的。这可能是由建构因素以及父母在涵容方面的失败造成的。这些患者有自己理想化的一面和理想化的客体形象，当被分析师挑战时，可能会被认为是对理想与理想的自恋纽带的威胁。因此，在某些情况下，我对破坏性或攻击性的防御性质进行了移情性的诠释。我说"在某些情况下"，是因为我认为更纯粹的破坏型自恋者，虽然仍有力比多型自恋的冲突，容易引发面质，更加归咎于活现，而不是有效诠释。对于这些患者来说，对愤怒、偏执，以及对自体和客体的愤怒的诠释在临床上更为重要。

最后，罗森菲尔德试图区分防御性的力比多型自恋和破坏型自恋，破坏型自恋更多地基于纯粹的嫉妒、谋杀意图和制造痛苦的欲望。现代克莱因学者认为自恋者无法或不愿意与分析师建立或承认一种健康的工作关系。有些人仍然保持冷漠和疏远，而另一些人在移情方面非常贫瘠和实际，但他们都认为分析师微不足道，他们要么是仆人，要么是私人助理，为患者消除恐惧、恢复信心，从不挑战患者。任何有分歧或挑战的经验要么被忽视、攻击，要么通过终止关系而消除。

我的临床经验是，大多数力比多型自恋者处于一个痛苦的情绪地带，界于偏执和抑郁的状态之间，允许分析师让他们拥有短暂的反思，有时可以产生一个更稳定的工作关系，而其他时候会导致暂时的停止，因为患者

会利用分析师来重获他们的心理平衡。乔的情况就是这样。破坏型自恋者
主要在偏执-分裂心位运作，因此将分析师的大多数探索视为迫害，并做
出相应的反应。

罗森菲尔德（1987）认为，力比多型自恋者在受到挑战时，会表现
出怨恨、报复和退缩，但有些人最终会允许有分歧、反思和洞察力。他们
有时会允许发生变化。这与我自己试图与自恋者建立分析性联结的临床方
法（Waska，2007）是一致的。结合面质和诠释，解决攻击和防御的意
图，将产生罗森菲尔德所描述的怨恨和后退，但也将创造一个重要的工作
进展、洞察和改变的机会或潜能。

但是，破坏型自恋者会对同样的方法做出强烈但有时是伪装的嫉妒和
愤怒，以及完全摧毁分析师和其想法的欲望。汉娜·塞格尔和其他克莱因
学者认为自恋是最具有破坏性的，并将其等同于死本能。给予生命的关系
和健康的自爱都被视为宿敌。大多数患者既有力比多型自恋也有破坏型自
恋，其病理组织（Steiner，1987）或者破坏性防御系统的水平不一样
（Segal，1972）。

就起源而言，布里顿（Britton，2008年在斯坦纳）认为力比多型自
恋通常是父母糟糕的涵容和人际沟通的结果，而破坏型自恋通常来自婴儿
自己对客体的仇恨。我同意这些想法，但我也认为两者都很容易互相
强化。

里卡多·斯坦纳（Riccardo Steine）（2008年在斯坦纳）指出了减
缓分析探索过程的重要性，以便逐渐理解在心理失常患者中常见的紧张和
不安的分裂过程。通过将自己沉浸在破碎之中，分析师能够慢慢地理解和
诠释他面前的精神拼图的各个部分，并帮助患者理解它。

我（Waska，2006，2007，2010a）也写过关于这一过程的文章，并发现它对边缘性、自闭症性和精神病患者至关重要。尽管整体临床表现可能仍然模糊和不确定，最有用的临床方法似乎是进行彻底的诊察（Joseph，1985），并使用完整的反移情（Waska,2010b）慢慢理解、涵容、翻译和诠释基于投射性认同的移情。

罗森菲尔德和其他克莱因学者已经发现，正常或健康的分裂发展是如何崩溃或失败的，这对于从偏执功能逐渐转变为抑郁功能至关重要。自恋者通常抵制健康的分裂，因为它剥夺了他们所依赖的完整和绝对正确的理想化。分裂造成了失败、分歧、对自我和客体的失望的风险，所以分裂被避免、扭曲或滥用。我们努力帮助的许多边缘或自恋者，他们遭受了其重要客体带给他们的混乱和破坏性的童年经历。因此，在理解患者是如何以及为什么要构建他们这种移情的基础上，考虑到这一点是有用的。通常，我们可能会错误地重复一些创伤性的童年模式，通过对患者具有攻击性的或傲慢地建立关系的方式做出过快、过于强烈，或不敏感的防御性诠释。只关注自恋的破坏性方面是没有帮助的。人们也应该经常诊察患者病理性的沟通功能。

与此同时，我们不应该放弃分析移情的破坏性方面，而这在本质上并不总是防御性的。掠夺性动机可以独立存在，也可以与更受创伤的、防御性的动机并存。然而，我认为必须始终寻找潜在的沟通内容，无论它看起来多么混乱或具有破坏性。

边缘性和自恋者，包括那些在抑郁和偏执病理的混合体中的患者，可能会把分析师和分析师的想法看作威胁、评判的来源，或缺乏支持。自恋的患者根据他全能的幻想，抓住最好的客体，认同它，并吸入自己内在。

客体中任何不合需要的部分都被拒绝，自体的不可接受的部分被忽视或投射。

　　通常，分析人员会被视为投射的自体或客体的所有坏元素的转储区。如果分析师质疑患者把这种治疗当成情感厕所或倾倒场所，患者可能会理想化这种情况，并感到惊讶、被冒犯或受威胁。事实上，许多自恋者只是利用分析师和治疗环境，将其当成一个暂时休息处，来抛弃自我或其他不想要的东西，直到他们感觉更好、更强壮、有掌控力，然后他们继续前进。他们认为分析师是被雇来履行这一职责的，被作为一个情感厕所、私人助理，或者一个只是倾听并同意他们所说的每句话的人。他们觉得建议只能是患者喜欢的，永远不能是挑战性的，不能是和病人的愿望相左的。

　　对于乔来说，他将我的面质和诠释理想化为一个正确的建议，而不必承担伤害他们的责任。当他站起来向他的妻子和女朋友表达自己时，他能够对自己的行为拥有一些主导权，但他也把我当作父母般的许可和指导的渠道。他还把我当作一个垃圾场，用来发泄他拒绝拥有、拒绝忍受的内疚、焦虑和丧失。我的面质把这些不必要的因素带回了争论中，他不得不重新审视其中的一些。

　　约翰·斯坦纳（2008）写道，自恋是对独立的一种防御。客体被作为自体的一部分或自体的延伸来体验，任何分析师的不符合理想的部分都会被回避、忽视或攻击。

　　当代的克莱因学者认为嫉妒、分离和依赖是自恋者抵御威胁的一部分。难以忍受的嫉妒情绪使人难以忍受分离。我认为这种嫉妒是对那些能够成功依赖的客体的幻想，以及那些似乎不为不知道、缺乏控制、分离而感到痛苦的客体。换句话说，这些患者看到其他人有健康的分离和依赖体验，而他们无法找到，所以他们变得破坏性嫉妒和自恋性独立。

或者，就像乔的情况一样，他说服了自己，并试图说服我，他目前的客体关系困境是正常的、好的。这样，他就可以把自己包括在其他人群中，成为那些找到和平生活和幸福相处方式的人之一。乔并不嫉妒，因为他拥有别人所拥有的东西。这种拥有他人所拥有的东西的幻想是既抑郁又偏执的自恋者（力比多型自恋）所特有的。更混乱、更偏执的自恋者被嫉妒所淹没，只想摧毁他认为别人拥有的东西。

在我自己的临床工作中，我认为丧失是自恋者的一个重要因素。当然，依赖性会带来潜在的丧失，分离可能会造成丧失。因此，这些状态总是被避免的，并且控制丧失的错觉被保持。对乔来说，他关于父母离婚和他声称没有任何感觉的悲伤故事充分说明了他必须过着冷漠且分离的生活，在掌控之中且感到安全，但却孤独、空虚。

我发现，对许多自恋者的试金石往往只是问他们是否因为当前的生活危机而感到失落。不可避免，就像乔一样，他们也会以坚忍、冷漠、全能的方式回答，否认有任何问题。反抗、否认和全能的合理化是常见的回应。赫伯特·罗森菲尔德（1987）认为，直接和富有同情心的诠释将成功地引导自恋或边缘性患者体验他对他人的需求，以及他对他人和自己缺乏控制和权力。当这种情况发生时，患者可能会感到非常沮丧、羞辱或支离破碎。

尽管反复让患者体验这些可怕的羞耻感、恐惧和迫害，是很残酷的，罗森菲尔德认为这些冲突和感情必须面对、理解，并解决，如果想要建立真正的客体关系，想要真正的自爱和自我接纳。这与我自己的分析性联结方法（Waska，2007）一致，该方法有时包括面质性的诠释，但仍然旨在帮助患者面对他们对于丧失、控制、依赖、攻击和分离的内在焦虑。一旦走出黑暗的藏身之处，进入空地，它们就会感到被暴露和脆弱，但也能够朝着新的事物，那些不那么僵硬、更灵活、更广阔的事物迈出一步。宽恕、接纳、付出和回报、信任和安全都是人们对自我和他人所面临的恐惧风险的潜在回报。希望我们能向这些患者介绍这样一种观点：感恩和爱可以将生死本能结合在一起，而不是将嫉妒作为一种默认的武器，用来消除所有生命和分歧的迹象。克莱因学者，有很多关于死本能的有用的临床讨论，有时死本能是纯粹破坏性的，出于嫉妒和全能的需要。这种理论和临床立场与克莱因的观点类似，即死本能是一种消除对好客体和好自体的任何障碍或威胁的方法。所有这些因素通常在困难的案例中一起被发现。

当自恋的患者与他人进行短暂但真实的心理联结时，他突然意识到自己不是至高无上的，不是独立的，不能完全控制自己或他的客体。他突然看到他无法阻止给予客体伤痛或来自客体的伤痛。他正处于抑郁的经历之中。罗森菲尔德讨论了力比多型自恋是患者内在结构的主要因素，与客体的联结会带来一种失落感、抑郁、焦虑、内疚和不确定感，然后激活其他更原始或更具有破坏性的防御。当破坏型自恋是更主要的因素时，与一个客体的联结会带来焦虑、羞辱和迫害，从而引发对迫害客体进行强烈攻击，并立即获得独立、控制和优越感。

赫伯特·罗森菲尔德（1987）是注意到许多不同形式的投射性认同和一些患者如何使用催化剂作为一种方法来驱逐自体或内部客体不需要的部分的先驱。其他患者使用投射性认同作为一种沟通方式，并希望得到分析师的反应和理解。其中一些想法与比昂（1962b）关于涵容的观点相似。我认为我们的大多数患者通常既回避又沟通，重要的是分析师小心并能注意找到一种方法来涵容和诠释患者的内在冲突，按照回避或沟通的程度来创造诠释。

　　一些患者，尤其是更失常的自恋或边缘患者，会把自己投射到分析师身上，并相信他们拥有分析师的头脑。因此，这些患者觉得他们与分析师融合在一起，于是将分析师视为属于他们的理想化知识、建议或答案的来源。如果患者感到自己的所有物被扣留、破坏或修改，他们就会感到不安。罗森菲尔德发现的另外两种形式的投射性认同与患者真的感觉他们生活在分析师体内有关，这有可能会胜利，但也可能成为最糟糕的、不可避免的陷阱。

　　此外，一些患者幻想着他们已经变成了一种寄生虫，仅通过占有并汲取分析师的养分就能维系存在，从而彻底逃避自主生活的责任。尽管这类幻想常见于精神病性结构的个案中（这类患者往往通过内摄他人的需求来构建脆弱的身份认同），但在乔的案例中，我们看到了一个更为复杂的心理机制。乔表现出一种典型的"虚假自体"适应模式：他试图精确地镜像妻子的期望、投射中分析师的要求，以及幻想中女友的渴望。这种对他人欲望的过度认同导致了一个悲剧性的结果——在竭力将自己塑造成周围人期待模样的过程中，他的真实自体逐渐湮灭，取而代之的是弥漫的空虚感、压抑的怨恨与恶性的嫉妒。这种病理性的适应策略最终形成了一种自毁性的循环：通过复仇幻想、操控行为与控制手段获取短暂的心理优势，却永远无法获得真正意义上的客体联结与亲密体验，使他的内在世界持续处于贫瘠状态。

　　当偏执或抑郁的患者接近认识到自己的破坏性和控制性时，他开始面对来自他对客体的爱和关心的痛苦、内疚、羞耻和焦虑。当这些丧失、复仇和痛苦的幻想难以忍受，无法宽恕时，自恋组织和自体、客体之间的病理性交易（bargain）被视为最后的手段，导致更加依赖原始机制和频繁使用投射性认同。

案例资料

相比乔的薄脸皮（Rosenfeld，1987），以及他的偏执、抑郁冲突和自恋移情，我现在来讲述一些问题更具破坏性的破坏型自恋者，他们通常活在偏执-分裂心位，在抑郁心位只有一个非常原始或不成熟的立足点。比尔来看我时，是他的医生建议他和别人谈谈他对几件生活事件的反应。

比尔一直是班上成绩最好的人，毕业时获得了几个法律和科学学位。他告诉我，他几乎不怎么学习，"就是知道大多问题的答案"。同样轻描淡写的，还有他在运动场上的辉煌战绩——"随便尝试哪项运动，都能轻松夺冠"。所有这一切都是用一种有点傲慢的语气说出来的。但不可否认，他确实给人一种天赋异禀、文武双全的印象。

大学毕业后，比尔顺理成章地进入一家知名企业，拿着令人艳羡的高薪。他在那里工作了几年，但"我的目标一直是创办自己的一系列公司，出售它们以获得巨额利润，大赚一笔，然后提前退休，或者干脆只当个投资人，悠闲地管理我的财富。"他说这话时带着一种近乎审判式的笃定，仿佛早已把自己定位成未来的商业巨擘，而我只是他宏大叙事里的一个听众。

我默默记下他的这些特质，将它们纳入我对他的心理评估中——他的自信究竟是让我钦佩、好奇，还是隐隐触发我的防御机制？我是否下意识地想"修复"他，或者被他那种近乎炫耀的叙述所影响？面对这样的时刻，我选择以沉默的问号回应，继续观察、收集信息，等待更清晰的图景浮现。

比尔辞去稳定的工作，投身一家初创金融公司，梦想着快速积累财富。然而，现实给了他沉重一击。"那时候太年轻，太天真，连合同都没仔细签，"他苦笑道，"结果被合伙人摆了一道，失去了公司的控制权。"遭遇挫折后，他带着积蓄远赴欧洲，声称要"放松身心，好好思考下一步"。但即便在讲述这段失意经历时，他仍然刻意淡化失败，反而强调自己的从容与远见，仿佛这一切不过是成功路上的一段小插曲。

在海外滑雪之旅中，比尔因设备故障引发的滑雪事故，身受重伤，不得不在医院接受长达数月的治疗，随后又经历了漫长的康复期。整整一年后，他才勉强能够重启生活，但事故留下的隐疾仍如影随形。求职之路异常艰难——长达一年的职业空白期成为难以逾越的障碍。命运的转机出现在他获得一份看似完美的工作：高薪厚禄，快速晋升。入职短短六个月后购置的房产让他重拾人生掌控感。然而好景不长，公司战略调整使他从决策层跌落至执行岗。尽管薪酬未减且岗位关键，这种"明升暗降"的处境仍让他感到深深的背叛。

两年间，他屡次尝试重返权力核心未果，最终愤然离职："在他们撤销对我的降职，并为我提供必要的工作工具之前，我不会留下来。"但当经历简历屡次石沉大海与屈指可数的失败面试时，他感到沮丧和愤怒——他将失败归咎于猎头的失职、面试官的无知、前同事的背叛，甚至行业分析师的短视。这种受害者心态逐渐异化为具有破坏性的嫉妒，任何成功者在他眼中都变得不值一提。

　　因此，比尔的许多治疗中都充满了他对没有找到他认为自己应该找到的工作的愤怒和失望。他说，他"失去了一些黄金岁月，这是奠定财富和地位基础的岁月"。当我试图让他了解他的个人失败感，以及他因为受伤和不幸而错过机会时，他的反应通常是怨恨和否认。我意识到我做出这些诠释太快了；本质上是在接受他的移情，并在未经允许的情况下将这些他不想要的自体部分还给他。他告诉我："也许我会停止这种无聊的求职，回到学校再拿一个学位，之后就没有人会拒绝我。我将是他们的必需品。"我被他所传达的信息中的傲慢和绝望所震惊。在这些时刻，他会陷入一段时间的自我厌恶，但当我诠释时，他似乎觉得被卡住了，又会迅速指责经济、环境、面试他的人、给他吃垃圾药物的精神病医生、任何想起来要责怪的人，或者只报怨整件事"毫无意义且不重要"，并专注于他在再次毕业后如何"发号施令，报出自己的薪水"。

　　当然，我也有责任。他以多种方式向我发起攻击，其中最尖锐的指责是："这完全没用，我从中什么也得不到。"这句话充分暴露了他惯用的防御机制——通过嫉妒和恶意贬低客体，将他人异化为空洞无用的存在。这种策略虽然能让他获得短暂的安全感和虚假的胜利，却最终将他困在孤立无援的境地。我尝试诠释道："是不是因为我没有立即消除你所有的痛苦，你觉得我辜负了你？你期待我能像魔法师一样瞬间解决所有问题吗？"比尔沮丧地回应："我不明白这样有什么意义。我还是感觉很糟糕。"我继续诠释："我感觉你把治疗想象成一颗神奇药丸，期待它能立即让你好转。但现实是，我们需要共同探索你内心深处的冲突，才能找到真正的改变之道。这个发现过程显然让你感到愤怒，对吗？"

　　这种面质和诠释似乎暂时减轻了他的愤怒和焦虑。然后，我补充说：

"我认为你对自己也非常愤怒和失望。"他说："我已经努力了。现在，我浪费了我一生中最美好的时光。"在这里，他暂时触及了他自恋的失败和羞耻感。他仍然认为自己是一个商业天才，但他承认自己对在这条梦幻般的道路上被减速感到羞愧和愤怒。

比尔沉默地坐着，目光始终落在地板上，对我的话语置若罔闻。他浑身散发着阴郁的气息，仿佛把我当成了他人生失败的垃圾处理站——期待着我能将那些失败回收再造，变废为宝。而他自己，则袖手旁观，冷眼等着我完成这肮脏的转化工作。

某次治疗中，他直言不讳："你根本帮不了我。我的感受和昨天一模一样，继续治疗毫无意义。"整场治疗中，他都保持着那种标志性的对抗姿态：低头盯着地面，对我的大部分话语充耳不闻。回应也仅限于简单的"是"或"不是"，活像个叛逆的青少年。虽然比尔显然深陷痛苦，整个人散发着失败者的气息，但他却习惯性地将矛头指向他人。只有在极少数时刻，他才会流露出一丝自责，比如提到"浪费了职业生涯的黄金时期"这类只言片语。至于感情生活的空白，除非我主动提及，否则他绝口不提。而即便谈到这个话题，他的态度也像是在核对一份令人不快的清单："啊，对，这又是一个失败的项目。"

他非常喜欢攻击我和其他人，因为我们没有给他提供他认为应得的东西，所以我诠释说，我一定让他失望了，没有立即给他他想要的修复或答案。我问他，为什么对我这么沮丧。他用一种响亮而有点吓人的方式回答说："我的头撞墙都能让我感觉更好。这种疗法对我没有任何作用。这完全是在浪费我的时间！"我回答说："也许我们可以试着看看你是如何希望我和其他人提供一切的，但后来我们似乎都失败了。看起来你试图依靠某人，然后你会感到失望。"他说："事情根本不是这样的！我不知道你在说什么。我只是想找一份更好的工作，在一个与我喜欢和我尊敬的人相处的职位上赚更多的钱。我厌倦了一切总是妨碍我。"我问有什么事情不符合他的要求。他告诉我："首先，我无法停止去想我的房子，以及如何摆脱它，因为它对我没有价值。"当然，我在想，在移情的过程中，我就是这个房子。

比尔为自己的拖欠房款行为辩解道，由于房产贬值，这已成为一项"毫无价值的失败投资"。他详细描述了自己的计划：将房产作为卖空交易处理，若银行质疑其偿付能力，便直接放弃房产，"迫使银行妥协，满足我的要求"。听到这番陈述，我的反移情反应异常强烈——在我眼中，他俨然成了一个精于算计的骗子，刻意隐藏雄厚财力而佯装贫困，只为摆脱不再中意的资产。更令人不安的是，他言语间透露出一种威胁倾向：若遇阻挠，便会施压，使对方屈从于他的要求。我内心涌起强烈的冲动，想要直斥他的傲慢与恶劣，指出他才是自身困境的始作俑者。所幸，我及时觉察到这些强烈的反移情反应，并努力克制与理解它们。

对于像乔这类力比多型自恋者，面质与诠释的协同运用往往能有效瓦解其嫉妒、傲慢与否认的防御机制，为其提供重新审视内心冲突的新视角。这个过程会引导他们进入更抑郁的心理状态，伴随而来的是难以承受的内疚、丧失感与焦虑，这些感受常迫使他们退回偏执-自恋的防御姿态。但即便如此，治疗仍能取得一定进展。然而，对比尔这类破坏性更强的自恋者，这种策略适得其反。面质只会被视作战书，激起更猛烈的嫉妒性攻击。因此，更有效的治疗路径是：通过涵容的态度，循序渐进地诠释他们对客体关系的深度失望。这种方法能帮助这类患者逐步面对内心的空洞感，以及他们对分歧与改变的根深蒂固的恐惧。

所以，在我诠释了比尔对我和他所有的客体的失望之后，他同意了我的观点，似乎安定了下来。现在是时候诠释他与自己的斗争了。所以，我从以分析师为中心的诠释（Steiner，1994）转变为以患者为中心的诠释（Steiner，1994），克莱因学者注意到这对此种难以建立关系的患者很重要。我诠释说："你似乎也很失望，或者也厌倦了自己。"他回答说："'受够了'几乎总结了一切。是的，我对每个人都很生气，但最主要的是我对自己还没有达到我的期望感到不满。"在这里，比尔能够从纯粹的嫉妒和破坏型自恋转变为一种更抑郁的失败感。然而，他很快就试图恢复他以前的精神平衡状态（Joseph，1989），当时他补充说："在工作面试中，我要应付无能者。如果我能摆脱那些白痴，我就能向那些真正重要的人表明，我是他们唯一需要的人。"所以，在这里，他又回到了把别人视为他变得伟大的障碍，而非不得不审视他自己的缺点和局限性。

我发展的更具面质性的干预方法，尤其适用于薄脸皮的自恋型患者——例如我的第一个患者乔，这种方法不会让他们感觉永久性伤害或损坏，又能帮助他们去思考，帮助他们超越原本僵化、局限且充满全能幻想的认知框架。我发现，最具治疗效力的诠释策略是同步解析患者的破坏性行为如何同时影响其客体关系与自我功能——这两者不可割裂对待。当然，患者的反应模式存在显著差异：这既与其自恋类型（原欲型或破坏型）密切相关，也与其投射性认同机制有关——是倾向于沟通交流型，还是倾向于回避控制型。

而对于比尔这类破坏型自恋者，由于其抑郁心位发展不足，任何诠释甚至温和的面质都会被立即体验为攻击或压制，被感知为高度控制或残忍的行为。治疗师即使保持沉默也将面临巨大挑战，因为这类力比多型自恋者倾向于将绝大多数互动都解读为失望、背叛或权利剥夺，并通过投射性认同迫使治疗师产生付诸行动的冲动——或是反击，或是彻底撤退。

克莱因学派为临床实践带来了革命性的洞见，创造性地发展出一系列临床技术，帮助患者重建信任能力、培养容忍力、实现人格转化、发展爱的能力并最终获得持续成长。罗森菲尔德（Herbert Rosenfeld）发展出的诠释技术使患者首次真切地体验到被深度理解的感受——这种矫正性情感体验往往成为患者心理发展的转折点，为其建立全新的自体-客体认知模式奠定了关键基础。现代克莱因学派技术，结合我提出的"分析性联结"概念（Waska，2007），将传统克莱因学派的临床智慧与其他流派的精华相融合，为患者探索内在自我、理解核心冲突、逐步获得改变勇气提供了最富成效的路径。在此过程中，那些原本充斥着心理混乱与情感贫瘠的心灵领域，开始孕育出转变的可能与自主选择的希望。

结论

现代克莱因流派的临床医生使用梅兰妮·克莱因最初发现和描述的技术来帮助患者从内在痛苦中找到喘息和解决办法。这些临床技术已经被当代克莱因的追随者及其深刻发现所扩展和丰富。特别是，分析性联结的概念赞同对移情、投射性认同和幻想进行常规诠释，这是治疗的基石。临床应密切关注全部的移情和全部的反移情，这是获取患者即时焦虑和幻想信息的两个重要方面，以及涵容和诠释这些无意识问题的最佳方法。

本书深入探讨了当代医生如何治疗那些情绪高度不稳定、难以建立治疗联盟的患者群体。这类患者极易出现激烈的付诸行动行为，并常在治疗初期过早脱落，尽管他们往往迫切需要深层次的心理重建。无论患者的诊断类型、治疗周期或咨询频率如何，基于分析性联结的技术方法及其对现代克莱因学派治疗流程的适应性调整，都能营造出一种特殊的临床治疗场域。这种专业设置为患者提供了极具深度的治疗体验，有效克服了其内在心理结构的差异性障碍。由于病理性冲突与破坏型幻想的持续作用，这些患者的自体-客体联结往往异常脆弱，导致多数传统治疗方法难以取得实质性进展。而现代克莱因学派的技术突破在于：即使面对最为混乱的心理状态，治疗师仍能成功构建可被诠释的治疗关系，进而创造具有转化意义的临床经验。在此过程中，患者不仅经历着治愈性的改变，更将孕育出全新的客体关系模式。

情感如同奔流的江河——当它干涸停滞，终会重新涌动；当它泛滥决堤，终将回归河床，在平衡与边界中流淌。希望或许会因此重生，又或许，将在此刻初次萌发。

致　谢 ◀◀◀◀

　　这本书是我的患者和我被邀请进入的复杂、有趣的临床互动的结果。我感谢我所有的患者，让我进入他们独特而复杂的无意识领域，并向我展示人类的状况是多么丰富、具有创造性和复杂。所有案件素材均已被更改或伪装以保密。我非常感激我的妻子伊丽莎白，她为我的工作和我的生活提供了平衡、快乐和远见。作为一名新兴的艺术家，她为这本书的封面绘制了插图。最后，我要感谢杰森·阿伦森，他帮助我实现了这本书的出版。

索 引 ◀◀◀

图书在版编目(CIP)数据

现代克莱因精神分析技术：临床实例分析 / (美)
罗伯特·瓦斯卡 (Robert Waska) 著；汪珮琪译 .
重庆：重庆大学出版社，2025.7. -- (心理咨询师系列
). -- ISBN 978-7-5689-5345-0

Ⅰ . B841

中国国家版本馆 CIP 数据核字第 2025YU6674 号

现代克莱因精神分析技术：临床实例分析

XIAN DAI KELAIYIN JINGSHENFENXI JISHU：LINCHUANG SHILI FENXI

[美]罗伯特·瓦斯卡（Robert Waska） 著

汪珮琪 译

李春波 审校

鹿鸣心理策划人：王 斌

责任编辑：赵艳君 版式设计：赵艳君

责任校对：刘志刚 责任印制：赵 晟

*

重庆大学出版社出版发行

出版人：陈晓阳

社址：重庆市沙坪坝区大学城西路 21 号

邮编：401331

电话：(023)88617190 88617185(中小学)

传真：(023)88617186 88617166

网址：http：// www. cqup. com. cn

邮箱：fxk@ cqup. com. cn(营销中心)

全国新华书店经销

重庆正文印务有限公司印刷

*

开本：720mm × 1020mm 1/16 印张：11.5 字数：143 千

2025 年 7 月第 1 版 2025 年 7 月第 1 次印刷

ISBN 978-7-5689-5345-0 定价：69.00 元

本书如有印刷、装订等质量问题，本社负责调换

版权所有，请勿擅自翻印和用本书

制作各类出版物及配套用书，违者必究

The Modern Kleinian Approach to Psychoanalytic Technique: Clinical Illustrations
by
ROBERT WASKA

Published by Jason Aronson
An imprint of Rowman & Littlefield Publishers, Inc.
A wholly owned subsidiary of The Rowman & Littlefield Publishing Group, Inc.

Copyright © 2010 by Jason Aronson

Published by agreement with the Rowman & Littlefield Publishing Group through the Chinese Connection Agency, a division of The Yao Enterprises, LLC.

All rights reserved. No part of this book may be reproduced in any form or by any electronic or mechanical means, including information storage and retrieval systems, without written permission from the publisher, except by a reviewer who may quote passages in a review.

Simplified Chinese Translation
Copyright ©2025 by Chongqing University Press Limited Corporation.

版贸核渝字(2016)第 270 号